U0169997

一个数学家的辩白

[英]戈弗雷·哈代 著

凌复华 译

A Mathematician's Apology

Godfrey Harold Hardy

云南出版集团

云南人民出版社

Godfrey Harold Hardy

A Mathematician's Apology

Cambridge University Press，New York，1992

根据剑桥大学出版社 1992 年修订版译出

果麦文化 出品

献给

约翰·洛马斯 [1]

他要求我写这本书

---

1. 约翰·洛马斯（John Millington Lomas，1917—1945），英国板球运动员，1938—1939 年牛津大学的一流板球运动员，哈代的挚友。——译注（下文如无特殊说明，均为译注）

目录

前言   001

自序   044

一个数学家的辩白   045

后记   121

译后记   123

前言

[英] 查尔斯·珀西·斯诺

那本是个普通得不能再普通的夜晚，基督学院¹像往常一样举办高桌²餐会，只是哈代的出席让那一晚变得非同寻常。我以前就从剑桥大学几位年轻的数学家那里听说过哈代，他这会儿刚刚以"萨德勒纯粹数学教授"的身份回到剑桥。那几位年轻数学家很高兴哈代能回来任教，称哈代是**真正的**数学家，不像物理学家常常讨论的狄拉克和玻尔等人，是纯而又纯的纯粹数学家。不过，哈代不墨守成规，古怪而激进，随时随地都能就着什么话题发表一番意见。当时是 1931 年，英国人还没开始用上"明星气质"（star quality）这个词，不过我猜，后来人们会用上，说哈代有一种不可名状的明星气质。

我当时坐在桌子另一头，端详着哈代。他那时刚刚五十出头，头发却已花白，皮肤晒得黑黑的，呈现出印度安人般的古铜色。他的脸长得英俊——高高的颧骨，细长的鼻子，精神十足，

---

1. 基督学院（Christ's College, Cambridge）是英国剑桥大学下设的学院之一。剑桥大学共有 31 所学院，基督学院在排名榜中一直名列前茅。
2. 高桌（High table），在西方国家的大型大学的餐厅中，高桌供研究员及其客人使用，学生在大厅用餐。如今高桌仍是牛津、剑桥、都柏林和达勒姆大学的标准配置，一般比普通餐桌稍高。

严肃而骄傲，可内心要是乐起来，也会笑得跟个顽童似的。他有深邃的棕色眼睛，像鸟儿的眼睛一样明亮——才思敏捷的人，一般都有着这样深邃明亮的双眼。那个年代的剑桥有许许多多才华出众和不同寻常的人物，但即便如此，在我看来，哈代在那一晚的高桌餐会上也是出类拔萃的一个。

我已经不记得他当时的穿着。长袍之下很可能是运动服配灰色法兰绒长裤。哈代跟爱因斯坦一样，穿衣讲究舒服，不过跟爱因斯坦不同的是，他喜欢昂贵的丝绸衬衫，各种休闲款式经常换着穿。

晚餐后我们围坐在餐后休息室的桌边喝葡萄酒，有人说哈代想跟你聊聊板球[1]。我一年前刚获得研究员资格，不过基督学院当时很小，即使初级研究员（junior fellow）有点儿什么业余爱好，也会很快在学院里传开。有人把我带到哈代的座位边上，但没有把我介绍给哈代。后来我发现，他在所有正式场合都有些害羞和难为情，害怕被介绍来介绍去。他当时只是低下头，似乎表示同意我跟他聊上一聊，然后开门见山地问："听说你懂一点板球，是吧？"

"是的，"我说，"我懂一点点。"

接着，哈代开始了一番僵硬的盘问："你上场打过没有？""你打的是哪个位置？"我猜他讨厌那种一头扎入文学研究，却从来没碰过板球的人，当时学术界满是这类研究人员。我有点得意地

---

1. 板球（Cricket），起源于英国，盛行于澳大利亚、新西兰、巴基斯坦、印度、孟加拉国、尼泊尔等国家。

跟他聊起自己的本领。哈代似乎对我的回答半信半疑，又继续问了一些更刁钻的问题："你会选谁来当前一年（1930年）最后一场板球对抗赛的队长？""如果队员们选斯诺你来力挽狂澜，拯救英格兰队，你会用什么战略？具体用什么战术？"（"要是你特别谦虚，你可以把自己当成那种不上场的队长来回答这个问题。"）哈代连连问我，好像忘了桌旁其他人的存在。他问起来完全入迷了。

后来，我有许多机会去证实，哈代不相信直觉或印象，不管是对自己还是对别人。在哈代看来，评估一个人知识的唯一方法就是考察他。这个方法在数学、文学、哲学、政治等等领域都适用。如果那个人虚张声势，被一连串问题难住答不上来，那他的真实水平也就可以看出个七八分。对哈代那智慧过人又专心致志的大脑来说，事情都得按部就班地来。

所以，在餐后休息室，哈代非得弄清楚我够不够资格打板球，其余的都不重要。最后他笑了，笑得很是迷人，笑得就像孩童那般天真无邪。他还跟我说，这番谈话之后，他看得出我有点水平，芬纳斯球场下个赛季可以派上一番用场了。

正如之前因为对颅相学颇感兴趣，我结识了劳埃德·乔治（Lloyd George）[1]一样，现在我能认识哈代，也不得不感谢我曾浪费了大把青春时光在板球场上。我不知道这种机缘巧合算是好事还是坏事，但认识哈代对我而言是一大幸事，是我一生

---

1. 劳埃德·乔治（David Lloyd George, 1863—1945），1916—1919年任英国首相。

中与知识分子结下的最为珍贵的友谊。正如我前文所说，哈代才华横溢，十分专注，优秀到以至于显得他身边的其他人都有点暗淡、有点平凡和有点糊涂。哈代并非像爱因斯坦和卢瑟福（Rutherford）[1]那样的伟大天才。他用一贯直白的风格说道，无论从哪方面来讲，自己都算不上"天才"。自己巅峰时期充其量也只短暂排在全球纯粹数学家的第五名。哈代的心地如同他的思想一样美好而直率，他总是说，他的朋友和合作伙伴李特尔伍德（Littlewood）[2]是比他厉害得多的数学家，门生拉马努金（Ramanujan）[3]才真正天生具备最伟大数学家的天赋（哈代这里指的是狭义范围的数学家排名，不过无须细究）。

人们有时认为，哈代在谈及这些朋友时低估了自己。他确实宽宏大量，最没有嫉妒心肠的人就是他，但在我看来，如果人们不认同哈代对朋友的赞誉，那么就误解了他的品格。我倒是相信他在《一个数学家的辩白》一文中的自我陈述，如此骄傲，同时又如此谦虚：

"如果我不得不听浮夸和烦人的唠叨，同时又感到厌烦时，我对自己说：'看看，我做成了一件**你**一辈子也做不到的

---

1. 卢瑟福（Ernest Rutherford, 1871—1937），1925—1930英皇家学会主席，新西兰物理学家，被称为核物理学之父。1919年起，卢瑟福任剑桥大学卡文迪许实验室主任。
2. 李特尔伍德（John Edensor Littlewood, 1885—1977），英国数学家，研究领域为分析、数论和微分方程，他与哈代长期合作。也曾与玛丽·卡特莱特合作，成为近代混沌理论的先驱。
3. 拉马努金（Srinivasa Ramanujan, 1887—1920），印度数学家，师从哈代，在剑桥大学工作期间，与哈代合作发表了多篇文章。

事，那就是与李特尔伍德和拉马努金两个人在某种平等的条件下合作。'"

不管怎样，哈代在数学领域的准确排名只能留待数学史家定夺了（尽管要搞清楚这个排名几乎是一项不可能的任务，因为哈代最出色的工作很多都是与他人合作完成）。不过，哈代有一点却超越爱因斯坦、卢瑟福或一众伟大的天才的东西——他能把大大小小的脑力工作甚至纯粹的游戏玩乐都转化为艺术品。我认为，正是这种天赋让哈代在做脑力工作时能找到乐子，而他本人几乎没有意识到。《一个数学家的辩白》首次出版之后，格雷厄姆·格林（Graham Greene）[1]在一篇评论文章中写道，这本书以及亨利·詹姆斯（Henry James）[2]的注释对"什么是有创造力的艺术家"进行了最为出色的描述。考虑到哈代对周围所有人的影响，我认为不难看出这篇评论文章想要表达的意思。

1877年，哈代出生于一个普通的职工家庭。他的父亲是克兰利学校的会计和美术教师，后来又在一所规模不大的私立中学任职。他的母亲多年来一直是林肯师范学院的高级教师。两人都很有才华，具备数学素养。就像大多数学家一样，哈代在这个领域的成就显然有基因的功劳。与爱因斯坦不同的是，哈代的大

---

1. 格雷厄姆·格林（Henry Graham Greene，1904—1991），英国作家和记者，20世纪最重要的英国小说家之一。他在67年中写了超过25部小说，探索了现代世界相互冲突的道德和政治问题。
2. 亨利·詹姆斯（Henry James，1843—1916），在美国出生的英国作家、文学批评家，被视为文学现实主义和文学现代主义之间的关键过渡人物，代表作有《一个美国人》《一位女士的画像》《鸽翼》等。

部分童年时光都表现出未来数学家的种种迹象。哈代刚学会说话，甚至在还不会说话之前，就显露出高得惊人的智商。两岁时，哈代写数字就已经能写到百万位（这是数学能力超群的常见信号）。家人带他去教堂，他就拿赞美诗的数字做因式分解，自娱自乐。他自幼就喜欢跟数字打交道，正是这个习惯，后来才有了拉马努金病床边上动人的一幕：那一幕非常有名，不过下文我还是忍不住再提上一提。

孩提时代的哈代接受了良好的教育，是在开明、有教养、有文化的维多利亚时代长大的。他的父母可能有点固执，但是和蔼可亲。在这样一个维多利亚时代的家庭里，哈代的童年过得非常温馨，虽然受到的教育可能要严格一些。哈代有两点与常人不同。其一，他在很小的时候，那时候还远远没到十二岁，就因为极度害羞而倍受折磨。哈代的父母知道自己的儿子聪明过人，哈代也确实非常聪明。不管哪一门考试，他在班上都名列前茅。可也正因为名列前茅，他必须走去众人面前领奖，但是他又受不了这件事。有天晚上我和哈代共进晚餐，哈代说他还故意答错题，免得受上台领奖的折磨。不过他每次装糊涂的功夫都不怎么样，照样次次名列前茅，次次领奖。

后来，这种害羞心理慢慢消失，哈代变得好胜起来。正如他本人在《一个数学家的辩白》中所说："我不记得自己小时候对数学有过任何**激情**，我也许具备数学家的素养，但远远谈不上高尚。数学对我来说就是应付考试，拿奖学金。我想要打败其他同学，这个念头似乎就是我果断学数学的动力。"尽管如此，哈代还是不得不忍受天生过于羞涩的性格。他生来脸皮薄，不像爱因斯坦，需要克制强大的自我意识，才能保持谦逊状态，跟外面的世界打交道。哈代的羞涩性格对自己起不到保护作用，所以不得不强化自我意识，正因为如此，他后来又有点一意孤行（爱因斯坦没有这个困扰）。另一方面，这种性格也赋予哈代善于反省的洞察力和令人称道的坦诚，让他能够用非常简洁的方式评价自己（爱因斯坦同样做不到这点）。

我认为，哈代性格中的这种矛盾或者紧张导致了他行为的怪异。他是典型的反自恋者。他无法忍受别人给他拍照：据我所知，他的照片只有五张。哈代的房间里没有任何镜子，甚至连剃须镜也没有。哈代去酒店，第一个动作就是用几条毛巾把所有镜子都遮住。哪怕哈代长得像滴水兽，这种行为都解释不通，更别说他的相貌一直都比一般人俊秀，这种行为就更显反常。当然，自恋也好，反自恋也好，都改变不了别人看到的相貌。

哈代的行为在外人看来很古怪，事实的确如此。然而，他和爱因斯坦似乎有一个不同之处。那些与爱因斯坦相处很久的人，比如英费尔德（Infeld）[1]，发现认识爱因斯坦越久，对方就会变得越来越陌生，越来越不像周围朋友所了解的那个他。我敢肯定，如果我也认识爱因斯坦，我肯定也会这样觉得。哈代的情况正好相反。他的行为常常与众不同，过于怪诞，但藏在他行为之下的

---

1. 英费尔德（Leopold Infeld，1898—1968），波兰物理学家，曾是剑桥大学的洛克菲勒研究员（1933—1934年）和波兰科学院的成员。1936—1938年在普林斯顿大学与爱因斯坦一起工作，两人共同构造了描写星体运动的方程，并合著了《物理学的进化》（*The Evolution of Physics*）。

天性，看起来与我们常人并没有太大差别，只是更精致、更直截了当、更敏感而已。

　　哈代童年的另一个特征是比较世俗，不过这种世俗扫清了他在整个职业生涯中实际存在的所有障碍。以哈代的清澈诚实，他是最不可能在这件事上挑三拣四的人。他知道特权意味着什么，也知道自己拥有特权。哈代家里没什么钱，只有父母亲做教师的微薄收入，不过他们却能接触到 19 世纪末英国最好的教育体制。英国的教育资源从来都比其他任何大大小小的财富都来得金贵。学校一直都设有奖学金，只要你能拿得到手。小哈代可不会在拿奖学金这件事上犯糊涂，就像小威尔斯[1]或小爱因斯坦一样。从 12 岁起，他只用活着，才能就会得到关注。

　　事实上，他 12 岁时就因在克兰利中学表现出来的数学才能而获得温彻斯特学院的奖学金，当时以及之后很长一段时间，温彻斯特都是英国最好的的数学学校。（顺便问一句，现在还有哪所好学校有如此灵活的招生制度？）哈代在温彻斯特数学班学习；在古典文学方面，哈代也与其他顶尖的大学生一样优秀。后来，哈代承认自己受过良好的教育，不过承认得不情不愿。他不喜欢这所学校，只喜欢学校的课程。就像维多利亚时代其他公立学校一样，温彻斯特是一个相当艰苦的地方。有一年冬天，哈代差点没熬过去。他羡慕李特尔伍德，家庭照顾有加，在圣保罗当

---

1. 赫伯·威尔斯（Herbert George Wells，1866—1946），英国著名小说家，新闻记者、政治家、社会学家和历史学家。他创作的科幻小说在该领域影响深远，如《时间旅行》《外星人入侵》《反乌托邦》等，都是 20 世纪科幻小说的主流话题。

走读生，他也羡慕我们其他一些朋友，在自由安逸的文法学校学习。哈代离开温彻斯特之后从未回去过：好在他离开了这所学校，拿到了三一学院[1]的公开奖学金，从此走上跨入数学领域的正确之路。

哈代对温彻斯特有一种奇怪的不满。他是天生的球类运动好手，眼神犀利。50多岁时，他在室内网球[2]比赛中一般都能打败大学的替补选手，60多岁时，他击向板球网的力度仍相当惊人。然而，哈代在温彻斯特甚至没有受过一个小时的训练，他的技术是有缺陷的；哈代认为自己要是受过正规训练，肯定会成为一名真正的优秀击球手，不见得是一流，但跟一流击球手不会差太远。就像他对自己的所有评价一样，我认为他的这个看法也相当正确。令人想不通的是，在维多利亚时代最崇尚比赛的巅峰时期，哈代的运动天赋居然全然被埋没。我猜，估计那时候没人认为值得费功夫从学校的顶尖学者中探寻运动员吧，这种想法真是愚蠢好笑，又站不住脚。

对于那个年代的温彻斯特学院的学生而言，去新学院[3]是很自然的。不过去了牛津也不会让哈代的职业生涯发生什么变化（虽然，哈代一直更喜欢牛津而不是剑桥，本来也有可能会一辈子留在牛津，这样剑桥大学的一些人可能就无缘结识他）。哈代没去新学院，而是选择三一学院，是有原因的，对此他在《一个数学

---

1. 三一学院（Trinity），英国剑桥大学下设的学院之一，trinity 的原意是三位一体。
2. 室内网球（Real tennis），使用硬球的旧式室内网球运动，是现代网球运动的前身。
3. 新学院（New College），牛津大学下设学院之一。

家的辩白》中幽默地描述了一番，带着他那一贯不加修饰的直白。

"大约15岁时，我的理想来了个急转弯（而且来得有点奇怪）。我读了'艾伦·圣奥宾（Alan St Aubyn）'（实际上是弗兰西斯·马歇尔夫人）的一本书《三一学院的一位研究员》，这本书是剑桥大学生活系列丛书的一本……书中有两个主角，第一主角名叫弗劳尔斯，几乎没有什么缺点；第二主角名叫布朗，不大靠得住。两人在大学生活中遇到了许多麻烦……弗劳尔斯顺利解决了所有麻烦，获得剑桥大学数学荣誉学位考试第二名，自动获得研究员资格（正如我设想的那样）。布朗呢，把一切都搞砸了，辜负了父母的期望，染上酗酒的毛病，还有一次在暴风雨中因酒精中毒突发震颤性谵妄，靠助理院长的祈祷才得救，甚至连普通学位都难以到手，最终成了一名传教士。但种种不愉快并没有妨碍两人的友谊，当弗劳尔斯第一次坐在大学教员办公室，喝着波特酒，吃着核桃时，他的思绪带着深深的怜悯飘向布朗。"

"现在弗劳尔斯是一位正直体面的研究员（至少'艾伦·圣奥宾'在书中描述的是这样），可是我不觉得他有多聪明，纵使我思想单纯，也没觉得弗劳尔斯有多聪明。如果弗劳尔斯都能做到这番成就，我有什么做不到的？弗劳尔斯在大学教员办公室最后那一幕让我深深着迷，从那时起，对我来说，数学就意味着拿到三一学院的奖学金，一直到得偿所愿为止。"

22岁时，哈代在剑桥大学数学荣誉学位考试第二部分的考试中取得最高分，名正言顺地实现之前定下的目标。在此期间，哈代发生了两个小小的变化。首先是神学方面，哈代用维多利亚时代典型的方式昭告了自己对神学的态度。我认为在离开温彻斯特之前，哈代便已经决定不再相信上帝，对他来说，这是个黑白分明的决定，与他头脑中的其他概念一样清晰明了。宗教仪式是三一学院的必修课。哈代告诉教长，自己没法诚心实意地做礼拜，毫无疑问，带着他那一贯羞涩但坚定的口吻。教长一定是个自命不凡的小官吏，坚持让哈代给父母写信告知此事。哈代的父母是东正教教徒，教长拿准了此事会让哈代的父母感到痛苦，哈代自己更是心知肚明。这种痛苦，70年后的我们是难以想象的。

哈代的内心苦苦挣扎。后来的一天下午，在芬纳斯板球场，哈代告诉我，他的伤口还在痛——自己不够世故，做不到在这个问题上打马虎眼。他甚至胸无城府到不懂接受那些精于世故的朋友的建议，比如乔治·特里维廉（George Trevelyan）[1]和德斯蒙德·麦卡锡（Desmond MacCarthy）[2]，他们本来知道如何处理这种事情。最后他写了那封信。或多或少因为这件事，此后哈代不信仰宗教的态度一直是公开和主动的。他拒绝去任何一所大学的礼拜堂，即使是为了公务，比如选举院长。他有的朋友是牧师或教师，但上帝是他个人的敌人。这件事情能看出19世纪人们对放弃宗教信仰的态度，可人们不认同哈代的做法这件事也许是错的，因为哈代的判断向来正确。

尽管如此，他还是从不信上帝这件事情当中找到了很多乐趣。

---

1. 乔治·特里维廉（George Macaulay Trevelyan，1876—1962），英国历史学家和学者。1898—1903年为剑桥三一学院研究员。
2. 德斯蒙德·麦卡锡（Desmond MacCarthy，1877—1952），查尔斯·奥托爵士，英国作家，文学和戏剧评论家。1896年加入剑桥秘密社团"使徒会"。

我记得，那是（20世纪）30年代的一天，哈代因为"神学"方面的一个乌龙事件而自喜。当时是"绅士队"跟"公子队"在洛德球场打比赛。比赛在上午举行，艳阳高照。面朝托儿所方向的一名击球手抱怨说，不知哪儿来的反光，刺得他睁不开眼。几位裁判员困惑不解，围着板球助视屏[1]四处寻找。是汽车反光？不对啊。是窗户反光？这里也没看到一扇窗户。最后，一位裁判员带着胜利的喜悦，找到了反光的来源，原来是一位身材魁梧的牧师胸前挂着的一个巨大十字架反光！裁判礼貌地请这位牧师把十字架摘了下来。一旁的哈代带着梅菲斯特[2]式的狡黠，笑弯了腰。那天的午餐时间，哈代顾不上吃饭：一直在写明信片（他喜欢用明信片和电报沟通），把这件事告诉他的每一位牧师朋友。

不过，在哈代与上帝以及上帝代理人的斗智斗勇中，胜利并非永远站在哈代这一边。就在发生十字架反光事件的差不多同一时期，一个安静迷人的5月夜晚，教堂6点钟的报时声响彻整个芬纳斯球场，"真是太不幸了，"哈代率直地说，"我一生中最快乐的一些时光不得不在罗马天主教堂的钟声中度过。"

他本科时代的第二个小烦恼是专业问题。几乎从牛顿时代开始，在整个19世纪的剑桥大学都被古老的数学荣誉学位考试（Tripos）所主宰。英国人对竞争性考试的依赖一直超过其他国家（中国古代的科举制度可能除外）。他们以传统意义上公正的

---

1. 板球助视屏（Sight-screen），为使击球员看清球而设于球场两端的可移动白色屏幕。

2. 梅菲斯特（Mephistopheles，也称为 Mephisto），德国民间传说中的恶魔，最初在浮士德传说中以恶魔形象出现。梅菲斯特式的笑容见于木制双人雕塑梅菲斯特和玛格丽塔。

方式开展这类考试，但决定考察内容时，经常又是令人惊讶的呆板。顺便说一句，直到今天依然如此。不能否认，数学荣誉学位考试有过辉煌时刻。这种考试的考题通常有相当大的技术难度，但令人惋惜的是，它没有给考生任何机会展示数学想象力、洞察力或有创造力的数学家所需要的任何品质。考试优胜者（Wranglers，剑桥大学数学荣誉考试一等荣誉获得者，该术语至今仍在使用）严格按照分数排名，划分等级。如果有哪位学生获得了该考试的第一名，学院会举行庆祝活动，前两三名优等生会直接获得研究员资格。

整个考试流程都颇具英国风范。哈代在成为杰出数学家之后，与合作伙伴李特尔伍德一起，坚定地推动废除这项考试制度，当时他就用犀利的口吻指出，这个考试只有一个缺点：将英国的严谨数学研究困囿了百年之久。

进入三一学院的第一个学期，哈代就发现自己被这种制度捆住了手脚。学院把他当成赛马来训练，在不停做题的赛场上奔跑。当时哈代 19 岁，觉得为了做题而做题毫无意义。学院让他跟随著名的指导员学习，那些在荣誉学位考试中最有潜力的学生也大多师从这位教师。这位教师知道考试的所有难点，也知道考官设置的所有陷阱，但对科目本身的内容无甚兴趣。此时要是换作年轻时的爱因斯坦：要么离开剑桥，要么在接下来三年逃避正儿八经的作业。但是哈代生在专业气息更浓厚的英国环境里（既有优点，也有缺点），所以他不会像爱因斯坦那样任性而为。考虑改学历史专业以后，哈代想出了办法，找一位真正的数学家来教自己。哈代在《一个数学家的辩白》中向这位导师致敬："我的眼界最初是由洛夫（Love）教授打开的，他教了我几个学期，我首次学到了数学分析的严谨概念。但洛夫教授让我受益最大的是，他建议我阅读若尔当（Jordan）那本著名的《分析教程》（*Course d'analyse*），毕竟洛夫教授主要研究应用数学；我永远不会忘记我读到这本杰作时的震撼，我这一代很多数学家最初的灵感就来源于这本书。读这本书时，我第一次体验到数学的真谛。从那时起，我有了成为真正数学家的抱负，在数学领域树立了正确的目标，对数学产生了真正的热爱。"

1898 年，哈代在剑桥大学数学荣誉学位考试中获得第四名。他曾经坦言，这个名次让自己有点恼火。作为一名有天分的考试选手，虽然考试很荒谬，但参加考试就应该拿到好名次。1900 年，哈代参加数学荣誉学位第二部分的考试，这次考试更有分量，哈代拿到应有的好成绩，也拿到了研究员资格。

从那时起，哈代未来的路基本上定了型。他清楚自己的目标，那就是把严谨引入英国的数学分析中。哈代曾经将数学研究称为"本人一生最为恒久的幸福"，他也始终没有偏离这项研究。旁人根本无须担心，哈代在数学领域应该做些什么。不管是他本人，还是旁人，都毫不怀疑他的才能。33 岁，哈代入选英国皇家学会。

从很多意义上来说，哈代都是非常幸运的。他前途无忧，从23 岁起，哈代就拥有人们想要的那种安逸，也不缺钱花。20 世纪的头十年，三一学院单身教师的日子过得很舒服。哈代在花钱这件事情上很会打算，该花的时候才会花（有时也会为了常人理解不了的事情奢侈一把，比如花钱打车 50 英里），完全不是那种跟风消费的人。哈代做事情都是为了让自己舒服，对自己的古怪也怡然自得。他身边是一群智力最超群的同伴，摩尔（G.E.Moore）[1]、怀特海（Whitehead）[2]、伯特兰·罗素（Bertrand Russell）[3]，还有特里维廉，三一学院的知识分子团体很快与艺术家团体布卢姆斯伯里有了交集。（哈代本人与布卢姆斯伯里团体的成员有私交，意气相投。）在这个聪明人的圈子里，哈代是最聪明的年轻人之一，某种程度上，他也是最洒脱的一个。

我在这里先大概总结一下后文的观点。哈代一直到老都保持着才华横溢的年轻人状态，精神状态饱满，不管是打板球，还是其他爱好，都兴趣盎然，保持着青年教师的明快。可是，就像很多一直到 60 岁还像年轻时那般兴致勃勃的人一样，哈代人生最后的那段时光，这种兴致还是黯淡了下来。

然而，哈代大部分时光都比我们大多数人更幸福。他的朋友来自各行各业，领域之广，令人吃惊。这些朋友都得通过他的私人考察：他们需要具备哈代所说的"螺旋"能力（spin，板球术

---

1. 乔治·爱德华·摩尔（George Edward Moore, 1873—1958）英国哲学家，分析哲学创始人之一，曾任剑桥大学哲学教授，对布卢姆斯伯里团体（Bloomsbury Group）有影响，但未加入。
2. 阿弗烈·诺夫·怀特海（Alfred North Whitehead, 1861—1947），英国数学家和哲学家，过程哲学（process philosophy）学派奠基人。过程哲学在生态学、神学、教育学、物理学、生物学、经济学和心理学等领域应用广泛。
3. 伯特兰·罗素（Bertrand Arthur William Russell, 1872 — 1970），英国哲学家、数学家、逻辑学家、历史学家和文学家，分析哲学的主要创始人，世界和平运动的倡导者和组织者，主要作品有《西方哲学史》《哲学问题》《幸福之路》等。

语，只可意会难以言传：有点婉转迂回或大智若愚的意思；比如最近的公众人物，麦克米伦和肯尼迪能得"螺旋"高分，丘吉尔和艾森豪威尔则得不了高分）[1]。但哈代十分宽容而忠诚，精神状态饱满，对朋友的喜欢也含蓄低调。有一次，我有事不得不上午去找他，这是他固定的数学时间。他坐在办公桌前，用一手漂亮的书法写着什么。我低声说了几句往常的寒暄，希望我没有打扰他之类。他突然露出调皮的笑容。"你看，我的回答代表着你打扰到我了。不过我一般都很高兴见到你。"在我们相识的 16 年里，他没有说过比这更令人动容的话。除了临终前，他告诉我，盼着我多去看看他。

我认为，哈代的大多数好友都有和我一样的感受。但他的一生中，有过两三种别样的友情，感情真挚、相互吸引，是高尚纯洁而与肉欲无关的友情。我知道其中一段跟一位年轻人有关，那个年轻人天性就像哈代自己一样脆弱。我认为另外几次友情也是一样的性质，虽然我只是偶然从哈代的只言片语中得出这个印象。对我们这一代许多人来说，这种友情似乎要么无法令人满足，要么根本不可能实现，反正两种都不会选。除非别人把哈代那种高尚的友情当成必然，否则无法理解像哈代这类人的气质，也无法理解当时剑桥知识分子圈子的气质（这群人世所罕见，但又不像白犀牛那样罕见）。他没有得到满足，我们大多数人都无

---

1. spin 是板球术语，指的是打旋转球，如乒乓球中的削球，喻技艺高超，或指为人处事考虑对方的情况和感受。从所举政治家的例子来看，丘吉尔和艾森豪威尔直接生硬，不留情面；而麦克米伦和肯尼迪则灵活机智，惯施手段。

法帮他得到这种满足，但他有相当的自知之明，得不到常人的满足感也没有让他懊恼。他的精神世界属于他自己，而且非常丰富。悲伤的结果到底还是来了，后来除了忠诚的妹妹，已经没人亲近他。

抛开《一个数学家的辩白》高尚的精神，这本书其实是一本绝望悲伤的书，哈代在谈到富有创造力的人失去创造力量或欲望之后，用斯多葛主义[1]的讽刺口吻说，"虽然令人惋惜，但事到如今，他已经无足轻重，再为他操心也不过是多此一举"。这就是他对待数学之外个人生活的态度。数学是他活着的理由。跟哈代做朋友，很容易忘记这一点：就像在爱因斯坦对世俗的热情之下，很容易忘记对物理规律的探寻才是爱因斯坦活着的理由一样。不过他们两人都没有忘记这一点，这是他们生活的核心，从年轻到死亡，没有变过。

哈代没有像爱因斯坦那样在短时间内声名鹊起。他在1900年至1911年间发表的早期论文已经足够出色，也因此入选英国皇家学会，也赢得了国际声誉，但他认为这些论文没什么分量。哈代这么说，并不是虚假的谦虚，这位大师内心清清楚楚，自己哪些工作有价值，哪些无甚价值。

1911年，哈代开始了与李特尔伍德长达35年的合作。1913年，他发现了拉马努金，开启另一段合作。哈代在数学领域的所

---

1. 斯多葛主义（Stoicism），公元前3世纪初创立的一个希腊哲学学派。该学派讨论人的幸福和美德，认为人类想要获得幸福，就要接受人生起伏，不能左右于欲望或恐惧，以教导人类"美德是唯一的好处"而闻名。

有主要工作均是跟两人合作完成，其中与李特尔伍德的合作占主要部分，也是数学史上最著名的合作。在任何科学领域，或者据我所知，在任何其他创造性活动领域中，都不曾有过哈代和李特尔伍德这样的合作。两人一起发表了将近100篇论文，其中很大一部分都达到了"布拉德曼级别"[1]。与晚年哈代走得不近，也不打板球的多位数学家坚持认为，哈代的最高成就达到了"霍布斯级别"[2]。事实并非如此。虽然有些无奈，但是哈代的某一只宠物刚好也叫霍布斯，所以自己不得不改变荣誉的排序。有一次，我收到哈代寄来的明信片，估计是1938年，上面写着"布拉德曼是史上最杰出的击球手，如果阿基米德、牛顿和高斯都只属于霍布斯级别的人物，那我必须承认还有更高的级别。但我想象不出会有谁能达到更高的级别，所以最好还是现在就把这几位移到布拉德曼级别"。

对我们这一代人来说，哈代－李特尔伍德的研究在英国纯粹数学占主导，也主宰了世界的纯粹数学领域。几位数学家告诉我，要说两人的合作在何种程度上改变了数学分析的进程，或者他们的成果在接下来有多大影响，都还为时过早，但毫无疑问，其价值经久不衰。

正如前文所述，哈代和李特尔伍德的合作成果最杰出。不过没人知道他们的具体合作方式，要不是李特尔伍德告诉我们，没

---

1. 布拉德曼，被称为板球之神，其职业生涯击球场均99.94（平均数值为30-40），该数据被称为在各大体育赛事中最伟大的成就。
2. 霍布斯（1882—1963），英国板球运动员，当时最杰出的板球击球员。

有人会知道。前文我已经提到哈代对李特尔伍德的评价：他认为对方才是两人当中数学才能更出色的那一个。哈代曾经写道，据他所知，"没有其他人能同时驾驭这般洞察力、技术和掌控力"。不管是过去还是现在，李特尔伍德都比哈代更像正常人，风趣不减，但更为老成。他从来不像哈代那样，喜欢优雅地炫耀知识，因此鲜少在学术圈赚到风头。欧洲数学家还因此开玩笑，比如说李特尔伍德是哈代创造出来的，这样要是两人的哪条定理出了问题，李特尔伍德就能代他挨骂。事实上，李特尔伍德的执拗不减哈代本人。

乍一看，两人都不像是那种容易相处的合作伙伴，很难想象当初谁先提议的合作，但肯定有人开了这个头。只是外人不知道这个头是怎么开的。二人学术成果最卓著的那段时间，甚至都不在同一所大学。据报道，哈拉尔德·波尔（Harald Bohr）[尼尔斯·波尔（Niels Bohr）[1]的兄弟，是一位优秀的数学家]曾经说过，两人有这么一条原则：要是一人给另一人写信，对方无须回信，甚至连读都不用读。

对此事我了解得不多。多年来，哈代跟我聊的话题几乎涵盖了所有能想到的领域，唯有他与李特尔伍德的合作，只字未提。当然他曾提过，两人的合作是他创造生涯中最大的财富。他提起李特尔伍德时，用词跟我在前文提到的一样，但对两人合作的细节，从来都是闭口不谈。我数学懂得不多，看不懂他们的论

---

1. 尼尔斯·波尔（Niels Henrik David Bohr, 1885—1962），丹麦物理学家，他为理解原子结构和量子理论做出了基础性贡献。

文，但我对他们那一套谈话还是略知一二。要是哈代曾提起过两人的合作方式，我不会听漏。我非常肯定，哈代是故意保密的。这种做法有点不像他的一贯做法，平时那些能让人更加亲近的秘密，哈代的口风不会这么紧。

至于发现拉马努金这件事，毫无秘密可言。哈代写道，这是他一生富有浪漫色彩的一件事。不管怎样，与拉马努金结缘这件事都令人称道。这个故事中的每一位主角都值得称颂，不过有两人除外。1913 年初的一个早晨，哈代发现早餐桌上的一大堆信件中有个皱巴巴的大信封，上面盖有几个印度邮戳。哈代打开信封，看到几页陈旧的纸，上面是一行又一行的符号，不像英国人的手笔。哈代大致看了看，毫无兴趣。当时哈代 36 岁，已经是世界著名数学家，而且他发现，著名数学家常常会碰到怪人。他已经习惯了收到陌生人的手稿，什么证明金字塔预言的智慧，什么锡安长老的启示录，还有培根在莎士比亚戏剧中插入的所谓密码，各种各样的内容都有。

哈代对这种陌生人来信最为厌烦。他瞥了一眼这封信，行文生硬，署名是一位他不认识的印度人，请他对信中的数学发现发表意见。手稿内容似乎都是一些定理，大多看起来没头没脑，异想天开。其中一两个定理已经众所周知，读起来像写信人刚刚发现的一样，信中却没有给出任何证明。这时哈代已经不仅仅是厌烦，而是怒从中来了。整封信就像莫名其妙的欺诈行为。哈代把手稿扔在一边，继续他一天的例行工作。这习惯哈代一生都没中断过，我在此再次重述一下：每天早上他都是一边吃早餐一边读

《泰晤士报》。当时的来信是1月份，如果有澳大利亚队板球赛事的消息，哈代就会先看赛事板块，仔细研究一番。

哈代的朋友梅纳德·凯恩斯（Maynard Keynes）[1]也是数学家，有一次他这样数落哈代：要是你每天花半个小时研究股票行情，就像研究板球那样下功夫，你想不发财都难。

上午9点到下午1点，除了要讲课之外，哈代都会沉浸在数学研究的世界。他常常说，对数学家而言，一天4个小时的创造性工作差不多就是极限了。到了中午，哈代在餐厅吃便餐，吃完会大踏步地走到学校球场，打上一场室内网球。（如果是夏天，他会走去芬纳斯球场看板球比赛。）到了傍晚，再散步回自己房间。收到那封信的那天，尽管这一套流程没变，可哈代的内心却起了波澜。那个印度人的手稿一直在他脑海深处盘旋，让他没法享受比赛。奇怪的定理，自己以前从未见过也从未想过的定理。难道那人是天才级别的骗子？哈代的脑海里这个问题挥之不去。不过这可是哈代的脑袋，他想问题的方式向来直截了当：写信的人是天才诈骗师的可能性莫非比未知天才数学家的可能性更大？很明显，答案是否定的。哈代回到三一学院的宿舍，又看了一遍手稿，带信给李特尔伍德（可能是信使捎的信，但肯定不是打电话，因为哈代对电话就像他对所有机械发明一样深恶痛绝，甚至包括自来水笔），两人晚餐后必须碰个头讨论一下。

---

1. 梅纳德·凯恩斯（John Maynard Keynes, 1883—1946），英国经济学家，其思想从根本上改变了宏观经济学理论和实践以及许多政府的经济政策。凯恩斯最初是数学家，基于早期研究建立并极大地改进了经济周期性理论。作为20世纪最有影响力的经济学家之一，其著作是所谓凯恩斯经济学派及其各种分支的基础。

晚餐结束后，两人没有马上碰头。哈代喜欢饭后喝一杯葡萄酒。虽然阅读"艾伦·圣奥宾"描述的那番场景让年轻时的他倍感向往，但除此之外，哈代发现自己并不是真的享受在教员办公室喝波特酒、吃核桃。不过李特尔伍德感性得多，喜欢在这样的场合稍做逗留，所以没有马上跟哈代汇合。不管怎样，当晚9点左右，两人在哈代的房间碰上了头，手稿摊开在两人面前。

我真希望当时自己也在场，目睹两人的讨论：哈代，头脑无比清醒，才华过人（颇有英国风范，但辩论时常常表现出拉丁人自认为独有的性格）；李特尔伍德，想象丰富，有感染力，性格幽默。这番讨论没有耗费太多时间，没到午夜，他们就胸有成竹地断定，手稿的作者是个天才。这就是那天晚上他们最有把握的结论。只是后来，哈代认为拉马努金的数学**天分**本来不输高斯和欧拉，但他所受的教育不足，在数学史的舞台上出场太晚，因此无法做出像高斯和欧拉那样重大的贡献。

说起来很简单，照道理早应该有大数学家发现拉马努金的天赋。不过如我前文所述，整件事情中只有两个人与"令人称颂"擦肩而过。出于骑士精神，哈代在所有与拉马努金有关的谈话或者文章中都隐藏了这一点。如今那两人已去世多年，是时候说出真相了。其实真相很简单，哈代并非第一个收到拉马努金手稿的著名数学家。在他之前还有两位也收到了，而且都是英国人，在数学界声望极高，但那两人一声不吭地把手稿给退了回去。拉马努金出名以后，我想他们说过的话也不会在历史上留下痕迹（要是他们真发表过什么意见的话）。要是有人收到陌生人发来的手稿，估计都会同情那两个人。

这些暂且不论，哈代第二天就行动了起来。他下定决心，一定要把拉马努金带到英国。经费不是什么大问题，三一学院对支持非正统人才往往很有一套 [学院几年后对卡皮萨（Kapitsa）[1] 也给予了同样的支持]。一旦哈代下定决心，人事部门就拦不住拉马努金来英国，但哈代和李特尔伍德还需要一些非人事方面的支持。

人们后来才知道，拉马努金原来是马德拉斯的穷书记员，与妻子同住，一年只有 20 英镑的收入。拉马努金也是婆罗门教徒，严格遵守宗教仪式，而他的母亲甚至有过之而无不及，要想让拉马努金破规，漂洋过海去英国似乎不可能。幸运的是，拉马努金的母亲非常崇拜纳玛卡女神。一天早上，拉马努金的母亲宣布了一则惊人的消息——自己头天晚上做了一个梦，梦见她儿子坐在一个大厅里，周围是一群欧洲人，纳玛卡女神命令她，不要妨碍她儿子实现他的人生目标。根据为拉马努金写传记的印度作家所言，对所有关心拉马努金的人来说，这个梦真是令人又惊又喜。

1914 年，拉马努金来到英国。就哈代考察的结果来看（尽管我不大相信哈代在这方面的洞察力），虽然很难冲破种姓制度的禁锢，但拉马努金不太信奉神学教条，除了似有似无的善行之

---

1. 卡皮萨（Pyotr Leonidovich Kapitsa, 1894—1984），苏联著名物理学家、工程师，1978 年诺贝尔奖获得者，以其在低温物理学方面的工作而闻名。1919 年后留学英国，后来在剑桥大学卡文迪许实验室与欧内斯特·卢瑟福一起工作了 10 多年，研究强磁场。

外，对神学教条的信仰没比哈代好多少。不过拉马努金肯定是相信宗教仪式的，三一学院安排他在院里工作，他4年内就拿到了研究员资格，可是从来没有出现"艾伦·圣奥宾"在剑桥大学生活丛书中描述的那种享乐。哈代经常发现，拉马努金会很有仪式感地换上睡袍，在自己宿舍笨手笨脚地用煎锅炒蔬菜。

哈代与拉马努金的合作既神奇又感人。哈代没有忘记，自己面前是一位天才，但是这位天才，即使在数学方面也几乎没有受过训练。拉马努金未能进入马德拉斯大学，因为他的英语不及格。根据哈代所述，拉马努金总是和蔼可亲，心地善良，但毫无疑问，他有时听不懂哈代谈论数学之外的东西。他听哈代说话的时候，那和蔼友善的面容似乎总是挂着耐心的微笑。即使讨论数学，由于受到的教育不同，拉马努金的用词也跟哈代他们不同。拉马努金靠自学成才，他对现代学术意义上的严谨一无所知，在某种意义上，他也不知道什么是证明。哈代有一次不经意地写道（这并非他的一贯风格），如果拉马努金受过更好的教育，那他身上的特色就会少几分。哈代后来回过神儿来之后，纠正了之前的说法，说之前是胡说八道。如果拉马努金受过更好的教育，他会比现在更加出色。事实上，尽管拉马努金当时已经是温彻斯特的奖学金候选人，哈代还是不得不对他进行一些正规的数学教学。哈代说接受正规数学教育应该是拉马努金生命中最奇妙的经历：对于这样一个对数学有着最深刻的洞见，却又压根没从书本上学过数学的人来说，现代数学会是什么样子？

不管怎样，两人一共发表了5篇最高级别的论文。哈代在这些论文中表现出了自己超凡的创造性（比起他跟李特尔伍德的合作，世人对他与拉马努金的合作了解得更多）。这一次，哈代的慷慨与盛情，拉马努金的创造力，都得到了圆满的回报。

这个故事关乎人类的美德。人要是有了个好开头，就会变得更好。值得记住的是，英国给了拉马努金所有能给的荣誉。30岁时，拉马努金入选英国皇家学会（哪怕在讲究年少出名的数学界，他也够年轻了）。同年，拉马努金还获得了三一学院的研究员资格。他是首位获得这两项殊荣的印度人。拉马努金诚心实意，心怀感激，可他很快就病倒了。在那个战争年代，要想把他转移到气候温和的地方困难重重。

后来拉马努金病重，住在普特尼医院，哈代常去看望他。著名的"的士数"轶事，就是在这期间的一次探视中发生的。那次，哈代像往常的出行方式一样，打的士去普特尼医院。他走进拉马努金的病房，不过开场白并非他擅长之事，所以他可能连句寒暄都没有，脱口而出的第一句话就是："我刚才坐的的士车牌号是1729，在我看来，真是无聊的一串数字。"拉马努金回答说："不，哈代！ 不，哈代！ 这串数字非常有趣。它是可以用两种不同的方式写成两个立方数之和的最小数字[1]。"

这则轶事是哈代亲自记录的，因此大体上准确。哈代是最诚实的人，再说，别人可能都还有没发现的士数的规律，不可能

---

1. $1729=1^3+12^3=9^3+10^3$，这就是的士数（Taxicab number）的起源，下一个这样的数是$4104=2^3+16^3=9^3+15^3$。一般而言，第 n 个士数定义为能以 n 种不同的方法表示成两个正立方数之和的最小正整数。

杜撰。

战后两年，拉马努金回到马德拉斯，死于肺结核。正如哈代在《一个数学家的辩白》中所述："伽罗瓦（Galois）[1]死时年仅21岁，阿贝尔（Abel）[2]27岁，拉马努金33岁，黎曼（Riemann）[3]40岁……我没见过数学领域哪一项重大进展由活到50多岁的人取得。"

如果没有与拉马努金的合作，1914至1918年的战争对哈代而言将会更加黑暗。一战给哈代带来的创伤已经够严重的了，这道伤口又在二战期间被撕裂。哈代一生都是个观点激进的人。然而，他的激进主义与世纪之交的启蒙思潮相交织。对我们这一代人来说，这种感觉就像呼吸到更轻柔、更纯净的空气，只是我们不自知。

哈代与爱德华七世时代的许多知识分子朋友一样，对德国抱有强烈的感情。毕竟德国是19世纪伟大的教育先锋，也正是德国

---

1. 伽罗瓦（Évariste Galois，1811—1832），法国数学家，政治活动家。十几岁时就确定了用根式解多项式的充分必要条件，该问题当时已悬而未决达350年。他的工作奠定了伽罗瓦理论和群论的基础，这是抽象代数的两个主要分支。21岁时，因加入一场决斗（原因不明）伤重而死。

2. 阿贝尔（Niels Henrik Abel，1802—1829），挪威数学家，在多个领域做出了开创性贡献。最著名的成果是首次完全证明了不可用根式求解一般五次方程，该问题当时已悬而未决250多年。他还是椭圆函数领域的创新者和阿贝尔函数的发现者。他的这些工作都在贫穷窘迫中完成，27岁时死于肺结核。

3. 黎曼（Bernhard Riemann，1826—1866），德国数学家，对分析、数论和微分几何做出了重大贡献。在实分析领域，其以严格的积分公式、黎曼积分和傅里叶级数而闻名。他对复分析的最大贡献是引入黎曼曲面，在复分析的自然几何处理方面开辟了新天地。1859年他关于素数计数函数的论文包含了黎曼假设的原始陈述，被认为是解析数论的基础论文。许多人认为他是有史以来最伟大的数学家之一。

的大学将研究的意义传播到东欧、俄罗斯和美国。哈代很少援引德国哲学或德国文学，因为他的品位太古典了。但哈代认为，德国文化在很多方面都比英国要先进，包括社会福利制度在内。

爱因斯坦对德国政治有残酷的领悟，哈代跟他不同，没有亲身经历过威廉二世的统治。尽管哈代是最没有虚荣心的人，可要是德国数学界更加追捧他，他还不高兴的话，那他就谈不上有人情味了。当时有一件让人开心的轶事，据说德国最伟大的数学家之一希尔伯特听说哈代在三一学院住的套间条件不怎么样（实际上哈代住在惠韦尔院），希尔伯特很快措辞委婉地写信给三一学院的院长，提醒他说哈代不仅是三一学院也是英国最好的数学家，他配得上最好的套间。

因此，哈代像罗素和许多剑桥高级知识分子一样，认为不该打这场战。加上哈代向来不信任英国政客，因此认为错的一方是英国。哈代良心上反对开战，可他找不到让自己满意的依据，因为他对思维严密性的要求太高了。事实上，他自愿参加德比计划[1]，但因健康原因而被拒绝。哈代在三一学院越来越感到被孤立，因为学院大部分成员支持开战。

罗素因为种种复杂到难以言表的原因被解除讲师职务（哈代为了让自己在另一场战争中好过一些，25 年之后才记录下当时的细节）。哈代的好友纷纷离去，上了战场。李特尔伍德当时在皇家炮兵学院服役，从事弹道学研究，军衔是陆军少尉。不过李

---

1. 德比计划（Derby Scheme），英国于一战期间开展的计划，旨在调查有多少新兵愿意服役，通过游说员访问符合服役条件的人来说服对方"志愿"服役。

特尔伍德自甘平凡，不求表现，战争打了 4 年，一直停留在少尉军衔。他们的合作受到战争干扰，不过并未完全中断。在学院内部为了战争一事吵来吵去的那段时间，拉马努金的工作成为哈代的一大慰藉。

我有时觉得，在战争这件事上，哈代对各位同事没有保持公允之心。身处战争年代，有些人非常狂热，但也有些人长期委曲求全，试图保持社交礼仪。当时哈代与一些申请研究员资格的人只是泛泛之交，跟其他人甚至全无往来，在这样的情况下，他的门生还能当选，说明学术正义还是占了上风。

尽管如此，哈代还是非常不开心。时机一到，他就离开了剑桥。1919 年，他被牛津大学聘为讲座教授，立刻开始享受他一生中最幸福的时光。他与拉马努金以及李特尔伍德已经做出了极大的成就，不过到了牛津之后，哈代与李特尔伍德的合作更是全面展开。用牛顿的话来说，四十岁出头的哈代终于到了自己的"巅峰时期"，对数学家来说，这高光时刻来得有点太晚。

姗姗来迟的创造力让哈代体会到了永恒的活力，这种感觉对哈代的意义比对其他人更为重要。他像年轻人那样生活，且天性如此。他投入室内网球的时间也比以前多，球技稳步提高（室内网球是一项昂贵的运动，会花去一位教授的不少收入）。哈代多次访问美国的多所大学，也爱上了这个国家。当时极少有英国人对美国和苏联有类似的好感，哈代就是其中之一。他还是唯一认认真真写信给棒球协会，建议对其中一条规则进行技术性修订的英国人。20 世纪 20 年代对哈代还有那一代大多数自由主义者来说，是带着假象的黎明时刻。他本以为，战争的苦难已经随着历史的长河奔流而去。

哈代在牛津大学新学院有一种宾至如归的归属感，在剑桥从未有过这种感觉。牛津大学那温暖的家庭式对话氛围很适合他。正是这一时期，在当时规模尚小但是待人亲切的新学院，哈代磨炼了自己谈话风格。讲课结束后总是有人盼着哈代聊点什么，他们也能接受哈代的怪癖。在这群人看来，哈代不仅是杰出的好人，也是个有趣的人。不管哈代是想玩谈话游戏，还是来一场真正的板球游戏（尽管这游戏有点古怪），这群人都乐于奉陪。他们用亲切和有人情味的方式跟哈代打成一片。虽然哈代以前也备受人们钦佩和尊重，但没有到打成一片的程度。

当时牛津大学人人都打趣，哈代房间正儿八经挂着一副列宁的巨幅照片。哈代的激进主义并非有板有眼的那种，不过化身成了实际行动。正如前文所述，哈代出生于知识分子家庭，几乎一生都属于上层资产阶级。事实上，哈代举手投足之间更像贵族，或者更确切地说，有着浪漫主义贵族的气息。这种个人风格也许受到了朋友伯特兰·罗素的影响，但大多是天生的。在哈代羞涩的外表之下，他根本就不在乎。

哈代跟那些穷苦、不幸而胆怯、受到种族歧视的人相处融洽，而且全然没有居高临下和施人恩惠的态度（他对拉马努金的知遇之恩就是最好的例子）。比起他口中那些"粗腰肥臀"，哈代更喜欢前者。"粗腰肥臀"一词更偏向心理学而非生理学，19世纪的三一学院有一句名言，出自亚当·塞奇威克（Adam Sedgwick）[1] 之口："人活在世，没有粗腰肥臀可没法成功。"对哈代来说，"粗腰肥臀"的是那些底气十足、蓬勃发展并且拥护帝国主义的资产阶级，包括大多数主教、校长、法官和所有政客，劳埃德·乔治除外。

为了表明对国家的忠诚，哈代接受了一项公职，任科学工作者协会主席两年（1924至1926年）。他用讽刺的口吻说，上面选他出任该职务让人摸不着头脑，因为自己在"世上最不实用的一行中，干着最不实用的工作"。但在重要的事情上，哈代没有他自己说的那么不实用，他会从容不迫地站出来，做出应有的担当。很久以后，我与弗兰克·卡曾斯（Frank Cousins）[2] 一起工作，想起自己恰好曾有两个朋友在工会任职，一个是他，一个就是哈代，不禁心生窃喜。

（20世纪）20年代的牛津大学，晚夏时节，洋溢着小阳春的气息，令人十分愉悦，所以人们想不通，哈代为何要回剑桥。1931年，哈代到底还是回了剑桥。在我看来，原因有二。首先，哈代是数学大师，而当时剑桥仍是英国的数学中心，那里的高级数学讲座教授才是数学大师的最好归宿，这也是最具决定性的原因。其次，说来也奇怪，哈代是为了晚年考虑才回的剑桥。牛津大学下设的各个学院，方方面面都有人情味，气氛温馨，可是对上了年纪的研究员却很残酷：如果留在新学院任职，到了退休年

---

1. 亚当·塞奇威克（1785—1873），英国地质学家和英国国教牧师，现代地质学开创者之一。1818年起任三一学院地质学讲席教授直到去世。
2. 弗兰克·卡曾斯，英国工会领袖，1964—1966年任英国技术部部长。

龄就得离开在职教授才能享受的住房。可回到三一学院就不一样了，哈代可以终生任职。他也确实做到了。

哈代刚回剑桥那会儿，我俩正好初识彼此，他正处于巅峰时期的余晖中——心情依然愉悦，创造力依然旺盛，虽然不比10年前，但依然让人不敢小觑。哈代精力充沛，不减他在牛津新学院任职那段时间。我们因此有幸能在剑桥看到接近全盛时期的哈代。

我们成为朋友之后，每每冬天，就会邀请对方到自己的学院共进晚餐。每到夏天，那我们肯定会在板球场来上一两局。除非有特殊情况，上午仍然是他的数学时间，吃完午饭才会去芬纳斯球场。他习惯沿着煤渣路大跨步地走（哈代略微有点瘦，即使快到60岁时仍然身手矫健，在室内网球场上挥拍奔跑），头发、领带、运动衫、演算纸随风飘扬，引得旁人注目。"我敢肯定，迎面走来的是一位希腊诗人。"有一次哈代走过记分牌，一位喝彩的农民说道。他朝他最喜欢的地方走去，面对看台，那里可以沐浴在每一缕阳光中——哈代十分痴迷于阳光。为了能把阳光引出来，即使在晴朗的5月下午，哈代也会带着他口中的"对抗上帝组合"：包括三四件毛衣，他妹妹的伞，还有一个装有数学手稿（比如博士论文）的大信封，待审阅的皇家学会论文，或一些荣誉考试的答案纸。他会这样向熟人解释，上帝相信哈代盼着天气变化，为了给他一个工作机会，于是反其道而行之，安排天空万里无云。

哈代在那儿坐下，为了在漫长的下午看板球更开心，他希望阳光明媚，并且有人陪他一起看。球技、战术、形式美——是比赛最大的魅力。我不打算解释这些术语，除非刚好懂得板球的语言，否则只可意会，不能言传。哈代有些经典格言令人费解，也是一样的道理，除非懂板球术语或者数学理论，要是两者都懂，那就更好了。幸好对我俩的大多数朋友来说，哈代还具有普通人能理解的幽默感。

哈代会第一个否认自己有特殊的心理洞察力。可实际上他是最聪明的人，眼光犀利，读书也多，还具有普通人也不缺的那种特质：坚定、宽容、幽默，完全没有虚荣心。他精神坦诚，世所罕见（我甚至怀疑这世间再也找不出第二个比他更坦诚的人），他对自命不凡、自以为是以及彻头彻脑的伪善德行非常蔑视。如今，板球这项最美丽的赛事也披上了最伪善的外衣。这项赛事，本该是团队精神表现得最为淋漓尽致的地方。球员哪怕自己得 0 分，也愿意换来球队克敌制胜，而不是自己赢得满堂喝彩，整个球队却折戟沉沙（一位像哈代一样天真坦率的杰出板球手曾委婉地说，自己从来没能领悟到这种团队奉献精神）。这种令人不悦的社会风气让哈代感到荒谬。为了解释这个问题，哈代总是用制衡的观点来讲道理。比如：

"板球是唯一一项正方 10 人对抗对方 11 人的比赛。"

"如果你上场时很紧张，那么目睹另一人出局时，无论怎样都不能让你鼓起勇气。"

如果哈代的听众运气好，还能听到与板球无关的评论，而且风格与他的文章一样犀利。《一个数学家的辩白》中能见到一些典型的例子，下文列举几个：

"一流人物发表普通见解完全是浪费时间。很明显，普通见解很多人都能做到。"

"我读大学那时，要是某人属于特别的非正统派，他可能会说，托尔斯泰作为小说家与乔治·梅雷迪斯[1]旗鼓相当；当然，没人会这么说。"（哈代这番评论与陶醉方式相关，值得记住的是，哈代生活在剑桥人最辉煌的时代。）

"无论是为了达成哪种严肃的目标，智力都是微不足道的天赋。"

"年轻人应该骄傲，但绝不能愚蠢。"（有人试图说服哈代《芬尼根的觉醒》[2]是最后一部文学杰作，哈代如此反驳。）

"如果你不得不表达艰涩难懂的观点，那就尽量简明扼要，就当对方能够理解。"

每次观看板球比赛，哈代都是每球必看，不过有时也会有点分心，然后就会让陪着他看的人玩挑选团队的球队：骗子队、球杆队、假诗人队、无聊队、名字以 HA 开头的队 [哈德良（Hadrian）和汉尼拔（Hannibal）的名字前两个字母均为 HA]、名字以 SN 开头的队、三一学院无人能敌队、基督学院无人能敌队，等等。居然让人组建一支名字以 SN 两个字母开头的著名人物队，

---

1. 乔治·梅雷迪斯（George Meredith，1828—1909），英国维多利亚时期的小说家和诗人。其作品在当时有很大影响，但褒贬不一，曾 7 次获得诺贝尔文学奖提名。
2. 《芬尼根的觉醒》（Finnegans Wake，1939）是爱尔兰作家詹姆斯·乔伊斯（James Joyce）的小说，被称为"一部将寓言……与分析和解构作品相结合的小说"，其实验风格在西方经典中具有重要意义。

我实在不擅长玩这个。三一学院队具有压倒性优势 [克拉克·麦克斯韦（Clerk Maxwell）[1]、拜伦（Byron）[2]、萨克雷（Thackeray）[3]、丁尼生（Tennyson）[4] 都不一定能入选]；而基督学院队，以强大的弥尔顿（Milton）[5] 和达尔文（Darwin）[6] 为首，从第三名开始就没有什么名人了。

哈代还有一种津津乐道的娱乐方式，那就是"给我们昨晚遇到的人分类"。每个人都要根据哈代很久之前发明和规定的类别打分，满分为 100 分。这些特质包括刻板（Stark）、忧郁（Bleak）（"刻板的人不一定忧郁，但所有忧郁的人无一例外都被认为是刻板的"），还有迟钝（Dim）、陈年白兰地（Old Brandy）、螺旋能力（Spin）以及其他特质。刻板、忧郁和迟

---

1. 克拉克·麦克斯韦（James Clerk Maxwell，1831—1879），苏格兰数学家，经典电磁辐射理论的倡导者，其电磁方程被称为"物理学中的第二次大统一"，而第一次是由艾萨克·牛顿实现的。爱因斯坦 1922 年访问剑桥大学时，曾说："我站在麦克斯韦的肩膀上。"麦克斯韦于 1850—1856 年在三一学院工作。

2. 拜伦（George Gordon Byron，1788—1824），第六任拜伦男爵，英国诗人和贵族。浪漫主义运动的主要人物之一，被认为是最伟大的英国诗人之一。1805—1808 年就读于三一学院。

3. 萨克雷（William Makepeace Thackeray，1811—1863），英国小说家、作家和插画家，以讽刺作品而闻名。1829—1830 年就读于三一学院。

4. 丁尼生（Tennyson，1809—1892），英国诗人。在维多利亚女王统治的大部分时间里，丁尼生都是桂冠诗人。1829 年，丁尼生凭借其第一部作品《廷巴克图》获得剑桥大学大臣金质奖章。1827—1831 年就读于三一学院。

5. 弥尔顿（John Milton，1608—1674），英国诗人，政治家，以史诗《失乐园》（1667）而闻名。1625—1632 年就读于基督学院。

6. 达尔文（Charles Robert Darwin，1809—1882），英国博物学家、地质学家和生物学家，对进化生物学的贡献最为著名。1828—1831 年就读于基督学院。

钝等特质此处无须额外说明（威灵顿公爵[1]的刻板和忧郁会拿到 100 分，而迟钝是 0 分）。陈年白兰地源自一个神话人物，他说自己除了陈年白兰地以外，什么酒都不喝。由此推断，陈年白兰地意味着古怪和深奥的，但在合理的范围之内。作为一种特质（这是哈代的观点，也是作为一名作者的观点，但并非我的观点），普鲁斯特（Proust）[2]的陈年白兰地拿了高分，林德曼（F.A.Lindemann，后来获得彻维尔勋爵头衔）[3]也是如此。

夏天结束，剑桥最短的一个假期过去之后迎来大学比赛。要想跟哈代约着在伦敦见上一面总是很难。前文提到，他对机械玩意儿有一种病态的怀疑（他从来没用过手表），对电话尤其反感。他在三一学院的办公室或者圣乔治广场的寓所，常常用不以为然、有点憎恶的口吻说："你那么**喜欢**打电话，去隔壁打。"有一次情况紧急，哈代不得不用电话打给我，怒气冲冲的声音从那头传来："你说的话我都不想听，所以我讲完就会把听筒挂断。今晚 9 点到 10 点，到我这里来，有要事。"然后"咔哒"一声，电话被挂断了。

不过，大学板球赛哈代是一场也没落下。每年这个时候，都

---

1. 威灵顿公爵（Arthur Wellesley, 1769—1852），第一任威灵顿公爵，19 世纪英国的主要军事和政治人物之一，曾两次担任英国首相。

2. 普鲁斯特（Marcel Proust, 1871—1922），法国小说家、评论家和散文家，创作了不朽的小说《追忆似水年华》（À la recherche du temps perdu，最初于 1913—1927 年以法文出版，共 7 卷）。他被评论家和作家认为是 20 世纪最有影响力的作家之一。

3. 林德曼（Frederick Alexander Lindemann, 1886—1957），英国物理学家，二战时温斯·丘吉尔的首席科学顾问。林德曼是一位才华横溢但傲慢自大的知识分子，曾与许多受人尊敬的顾问激烈争吵。

是他最耀眼的时刻。他被朋友围在中间，其中有绅士，也有淑女。哈代非常放松，没了往常的羞涩。他并不讨厌众人的目光都集中到自己身上。就这样，一群人的笑声有时能传到四分之一英里开外的地方。

在哈代晚年的幸福时光中，他做的每一件事都轻松愉悦，优雅、有序而时尚。板球运动优雅而有序，哈代因此从中发现了形式美。据我所知，他在数学领域直到最后的创造性工作也具有同样的美学品质。我想我已经给出了这样的印象，哈代私下里是个健谈的人，在某种程度上确实如此。但是，在哈代口中那些"不同寻常"的场合（意思是对谈话双方都重要的场合），他也是一位认真专注的倾听者。在同一时期我因各种机缘巧合认识的知名人士当中，威尔斯总的来说，倾听能力之差超出他人预期，卢瑟福好得多，劳埃德·乔治则始终都是最出色的倾听者之一。哈代不像劳埃德·乔治，能从别人的谈话中汲取感想和知识，但他的心扉是敞开的。在我写《院长》[1]的前几年，哈代听闻我打算写这么一本书，就追着我问，我跟他谈了很多这本书的构想。他提出了一些有用的建议。我在想要是他能读到这本书就好了，我猜他会喜欢的。不管怎样，怀着这个美好的愿望，我把这本书献给他。

《一个数学家的辩白》结尾部分，哈代讨论了一些其他问题。其中有一个问题旷日持久，有时争论双方都很激动愤怒。二战期间，人人都怀揣着狂热但各不相同的观点，正如我在后文所

---

1. 《院长》（*The Masters*），斯诺的《陌生人与兄弟》系列小说第五部，讲述的是在剑桥某个学院选举新院长的故事。这本小说于 1951 年出版，献词是"纪念哈代"。

说。对哈代的思想，我没有动摇过他一分一毫。不过，虽然我们之间隔着感情的鸿沟，但哈代在理性层面上能理解我的观点，每次我们争论，他都能理解。

整个（20世纪）30年代，哈代都像年轻人一样生活，可后来这种生活戛然而止。1939年，他患上冠状动脉血栓。虽然后来康复，但室内网球、壁球，还有他喜欢的其他体育活动，永远都打不了了。二战让他更加沉闷，就像一战一样。对哈代说，一战二战就像接连不断的炮弹，每个人都招架不住。后来局势明朗，英国得救，但哈代仍然无法认同这场战场，就像1914年他不认同一战那样。哈代最好的一位朋友在二战中悲惨死去。我想毫无疑问，种种悲伤都有着内在关联，就这样，哈代60多岁的时候，作为数学家的创造力终于离他而去。

这就是为什么，如果逐字逐句认真阅读，你会发现《一个数学家的辩白》是一本悲伤难掩之书。是的，它措辞精妙犀利，洋溢着睿智和高昂的精神；是的，水晶般的清澈和坦率依然存在；是的，这是一位有创造力的艺术家的辩白。但这本书也通过低调的克制，表达了哈代对自己曾经拥有、最后一去不返的创造力的深深哀叹。我不知道哪本著作有这样的哀叹，部分原因是大多数有文学天赋的人表达哀叹时，并没有真正体验过这种感觉：很少有哪位作家能彻彻底底认识到，自己的才思真的一去不返了。

这些年一路走来，我不禁想起哈代为自己年轻人一般的生活付出的代价。这种感觉好比目睹曾经出色的运动员，多年来以自己的年轻和技能为荣，那份他人可望而不可即的年轻和快乐，就像一份礼物，有一天却突然不得不接受失去这份礼物的事实。人们常常见到曾经出色的运动员，就像别人说的，日落西山的运动员，脚步很快就变得越来越沉重（目光常常呆滞良久），连贯的动作都成了难事，温布尔登就是这样一个令人畏惧的地方，人们涌向那里，是为了看别人打比赛。正是从日落西山的时刻开始，很多运动员开始酗酒。哈代没有酗酒的困扰，但他沉浸在类似绝望的东西里面。后来他的体力恢复，能上场打个 10 分钟，或者饶有兴致地组织三一学院的草地保龄球（让分规则非常复杂），但哈代对这些事情往往提不起兴趣，而三四年前，他对每件事都是兴趣盎然，以至于我们都筋疲力尽。"人不能感到无聊"是哈代的座右铭之一，"人可以害怕或者厌烦，但不可以无聊。"可现在的他就常常感到无聊。

正是出于这个原因，哈代的一些朋友，包括我在内，鼓励他写写伯特兰·罗素的事，写写 1914 至 1918 年战争中的三一学院。不了解哈代有多么消沉的人会以为，当时的事情已经过去很久，没必要往事重提。可是写点东西，好歹有个让他振作起来的目标。哈代写的这本书只在私下流传，从未公开发表，说来是种遗憾，因为哈代写的内容是对学术史的小小补充。

我这样说服他，是因为我想让他写另一本书。哈代情绪好转的那些日子里，他答应我会写这样一本书，名字就叫作《椭圆形球场上的一天》，内容是他看了一整天板球，接着展开谈谈他对板球赛事、人性、往事以及平常生活的看法。这本书肯定会成为怪才写就的经典短篇，可惜没有写成。

哈代生命最后的几年里，我没有给他多大的帮助。我深陷战争时期白厅的繁忙公务，忙得焦头烂额，筋疲力尽，去剑桥都得费上一番功夫。我真应该多去剑桥看望哈代。我必须十分懊悔地承认，我和哈代之间的感情虽然没有冷淡，但有了一些间隙。整个二战期间，哈代把他在皮姆利科的公寓租借给我，这是一间昏暗简陋的公寓，外面是圣乔治广场花园，洋溢着他所谓的"陈年白兰地"的魅力。不过哈代不喜欢我为了政务尽心尽力，他认可的人不应该全身心地投入军情事务。哈代从未问起我的工作，他不想谈论战争。而从我的角度来看，我不够有耐心，也没有表现出足够的关心。毕竟我想的是，自己做这份工作不是为了消遣；既然摊上这份工作，倒不如最大限度地培养兴趣。我真的不是在找借口。

战争结束时，我没有回到剑桥。1946 年，我多次探望哈代，但他的消沉毫无好转，身体也日见虚弱，走不了几步就喘不上气。比赛结束后在帕克的公园[1]快乐漫步的日子永远不会回来了：我不得不打车送他回三一学院的家。他很高兴我又开始写书：对认真的人来说，只有富于创造性的生活才是生活。哈代也渴望再次过上有创造力的生活，可曾经的生活不再：他自己的创作生涯已经完结了。

我没有引用哈代的原话。那些话完全不像出自他本人之口，所以我想忘了它们。我还试着用反话去冲淡那些话，所以没有确

---

1. 帕克公园（Parker's Piece）位于英国剑桥市中心附近，占地 25 英亩（100000 平方米），地势平坦，大致呈方形，有两条主要的步行道和自行车道。

切记住哈代的原话。我只想把那些话当成空洞的辞藻，在脑海里束之高阁。

1947年初夏，我坐在桌旁吃早餐，电话铃响了，是哈代的妹妹打来的。她说哈代病得很重，问我能否马上去剑桥，能否先打电话去三一学院。我当时不明白第二句话的意义，但我照做了。那天早上我在三一学院的门房找到了她的一张便条：去唐纳德·罗伯逊（Donald Robertson）的房间，他在那里等我。

唐纳德·罗伯逊是希腊语教授，哈代的密友，也是爱德华七世时代剑桥另一位高尚、自由、优雅的成员。顺便说一句，罗伯逊也是极少数几个用教名称呼哈代的人之一。他轻声向我打招呼，窗外是风和日丽的早晨。他说：

"你怕是知道了，哈罗德想自杀。"

是的，他已经脱离了危险，眼下还好，如果能用这个词来形容的话。唐纳德不像哈代那样直截了当，不过直白地说：可惜哈代没能自杀成功，身体变得更糟。无论用什么法子，哈代都活不了多久了，甚至想要从房间走去大厅都难。他肯定是思前想后才做的决定，他不能忍受这种什么都做不了的生活。他攒下剂量足够的巴比妥酸盐，打算一了百了，所以吞服了很大剂量。

我很喜欢唐纳德·罗伯逊，但我只在几次聚会还有三一学院的高桌餐会上见过他。这是我们第一次私下交谈。他表示我应该本着绅士般的坚定，尽可能多来看望哈代，虽然很难做到，但这是我的义务，哈代目前的状况也许熬不了太久了。我们两人都对此感到悲伤。我跟他道了别，从此再也没见过他。

哈代就躺在伊夫林疗养院的病床上，被撞的脸上是乌青的眼眶。由于药物引起的呕吐，他把头撞向了洗脸盆。哈代自嘲，自己把事情搞得一团糟，还有谁比他搞得更糟吗？我从来不喜欢嘲笑人，不过此时不得不顺着哈代的挖苦演下去。我讲了几起有名的自杀失败事件：二战中的德国将军比你更糟吧？贝克（Beck）[1]、斯图尔纳格尔（Stülpnagel）[2]，他们自杀的本领可真是不怎么样。这些奇怪的话从我口中说出来，已经够奇怪了。更奇怪的是，居然让哈代振作了一点。

之后，我每周至少去一次剑桥。每次去我都很害怕，但哈代老早就说过盼着我多去看看他。他的话说得很少，但每次我去看他谈的几乎都是死亡的话题。他想要死，生活已经毫无意义，死又有什么可怕的？他那顽固的、知识分子特有的斯多葛主义又回来了。他不会再干自杀的傻事，他不擅长这个。哈代准备好了迎接死亡。但这种矛盾心理可能会让他痛苦，就像他那个圈子里的大多数人一样，他对理智的执着，在我眼里到了癫狂的状态。他对自己的症状表现出强烈的好奇性，这好奇中又带着忧郁。他老是研究自己脚踝的水肿：今天是更肿了？还是消了一点？

大部分时间我都得跟他聊板球，大概也就一个小时聊个55分钟吧。这是哈代唯一的安慰。我不得不假装对板球赛事很投入

---

1. 贝克（Ludwig August Theodor Beck，1880—1944），二战前德国纳粹政权初期的德国将军和德国总参谋长。他后来成为反对希特勒组织的主要领导人，1944年7月20日刺杀希特勒未遂被捕，旋即被枪决，据说他曾试图自杀未果。

2. 斯图尔纳格尔（Otto von Stülpnagel，1878—1948），二战期间的德军司令，战后被盟军当局逮捕，在狱中自杀身亡。

的样子，实际上那时我对板球已经没了兴趣，早在30年代，我对板球的兴趣就淡了下来，除了能让他高兴高兴。现在我不得不像上学那会儿专心地研究板球赛事。他已经看不了报纸，可要是我瞎编的话，他能看出来。有时候，他那往日的快活劲儿会持续个几分钟，但要是我想不出其他话题，或者没有其他新闻拿来做谈资，他就会躺在哪儿，露出人之将死的那种忧郁孤独。

有一两次我试图让哈代振作起来。虽说有风险，可是就不能冒一次险，再去看一场板球比赛吗？我跟他说，我现在手头比以前宽裕了。我准备给他叫辆的士，这是他以前坐惯了的交通工具，到任何他想要去的板球场，哈代听了十分高兴。他说自己可能会死在我怀里，我说我知道怎么处理。我本来以为他会同意我的提议：他心知肚明，我也心知肚明，他的大限将至，可能就是这几个月的事情了。我只是想让他还能有个快乐的下午。第二次我去看望他的时候，他悲伤又恼怒地摇摇头。不，他根本不想尝试，尝试了也没意义。

不情不愿地谈论板球赛事对我都已经够困难，对他妹妹就更难了。哈代的妹妹是个聪明又迷人的女子，一生未婚，大部分时间都在照顾哈代。她用的办法跟哈代以前有点滑稽的老办法类似，那就是收集所有零零散散的板球新闻，哪怕她自己从未弄懂关于板球比赛的任何东西。

后来，出了一两次让人哭笑不得的事情，其中掺杂着人情味和一丝讽刺意味。在哈代死前两三个星期，得知皇家学会将授予自己最高荣誉——科普利奖章[1]之后，他露出梅菲斯特式的狡黠一笑，这是那几个月当中，我第一次见到他如此灿烂的笑容。"现在我知道自己的一生马上就要结束了。当人们急着给你授予最高荣誉的时候，就是对你盖棺定论的时候了。"

听说此事以后，我想我又去看望了他两次。最后一次是他去世前四五天。当时有一支印度板球队在澳大利亚打对抗赛，我们聊了聊那次赛事。

就在同一周，他跟妹妹说："如果我知道自己今天就要死了，我想我还是想听听板球赛事。"

他做哪件事都会做到底。那一周的每天晚上，哈代的妹妹在离开他的病榻之前，都会读一章剑桥大学板球队的历史给他听。哈代生命中听到的最后一句话，就来自这本书中的某一章。第二天清晨，哈代溘然长逝。

---

1. 科普利奖（Copley Medal）是英国皇家学会颁发的奖章，用于表彰"在任何科学分支的研究中取得的杰出成就"。该奖章每年颁发一次，是世界上现存的最古老的科学奖项之一，1731 年首次颁发，多位杰出科学家获此荣誉，其中包括 52 位诺贝尔奖获得者。

自序

在此，我想特别感谢布罗德（Broad）[1]教授和斯诺（Charles Percy Snow）阅读我的手稿，并提出众多宝贵意见。本文基本采纳了他们所有实质性的建议，并删改了大量粗糙和晦涩之处。

但是有一处例外。§28 的内容是根据今年早些时候我投给《尤里卡》（Eureka，剑桥阿基米德学会杂志）的一篇短文写成，我不可能对最近认真写成的东西做出改动。此外，如果我完全按照二人宝贵的建议操作，那么 §28 的内容就不得不展开来谈，从而破坏整篇文章的平衡性。因此这部分的内容我保留不变，但在本书的后记部分，我附上了对二人主要观点的简短回应。

哈代

1940 年 7 月 18 日

---

1. 布罗德（Charlie Dunbar Broad, 1887—1971），英国哲学家，专业领域为知识学、哲学史、科学哲学、道德哲学和心理研究。

§

一个数学家的辩白

§ 1

　　职业数学家要是发现自己在写关于数学的东西，那注定是一件悲哀的事情。数学家的作用是做实在的工作，比如证明新的定理，为数学大厦添砖加瓦，而不是谈论自己或其他数学家做了些什么。政治家轻视政论作家，画家轻视艺术评论家，生理学家、物理学家或数学家通常也都有类似的想法；实干家对评论家的轻视最为深刻，总体来看也最有理由。阐述、批评、品鉴，那都是二流人才做的事情。

　　我与豪斯曼（Housman）[1]有过几次认真的交谈，其中有一次便争论了上述观点。豪斯曼在题为《诗歌的名与实》的莱斯利·斯蒂芬讲座中，非常坚决地否认自己是一名"批评家"；但在我看来，他的否认非常偏执。在讲座中，他还表达了对文学批评的赞赏，令我备感震惊和愤慨。

　　一开始，豪斯曼引用了自己22年前就职演讲中的一段话：

---

1. 豪斯曼（Alfred Edward Housman，1859—1936），英国古典文学家，诗人。最初在大学工作表现不佳，转而在伦敦担任文员，以私人学者的身份发表论文，渐渐赢得学术声誉。后来豪斯曼被任命为伦敦大学学院和剑桥大学的拉丁语教授。如今认为豪斯曼是当时最重要的古典文学家之一。

文学批评是否是上帝从宝藏库中选赠给人类的最佳礼物，我无从定论，但上帝似乎是这样想的，他送出这份礼物的时候肯定经过深思熟虑。跟普普通通的黑莓果子相比，演说家和诗人……是稀罕的，虽然跟哈雷彗星的回归相比，要常见一些，但文学评论家可就没那么常见了……

豪斯曼又继续说道：

　　22年过去，我有些地方进步了，有些却退步了。不过我的进步没那么大，还不足以让自己成为文学批评家；我的退步也没那么大，大到让自己产生已经成为文学评论家的幻觉。

　　我曾认为，一位伟大的学者和优秀的诗人写出这样的文字未免太可悲。几个星期后，我在餐厅吃饭，发现跟豪斯曼相邻而坐，我直截了当地问他，那番话真的是他想要表达的观点，而且希望人们当真吗？在他看来，批评家的成就真的可以与学者和诗人的成就相提并论吗？整个晚餐时间，我们都在争论这些问题，我觉得他最终同意了我的观点。可是他没再继续反驳我，因此我似乎也不能说自己辩赢了。总结起来，豪斯曼对第一个问题的回答是"或许不完全是"，对第二个问题的回答是，"或许不能"。

　　豪斯曼到底是怎么想的，尚存疑问，我不想宣称他站在我这边；但搞科学的人对豪斯曼那番观点是什么想法不用问，我跟科学人士的想法完全一致。要是我发现自己正在写"关于"数学的东西，而不是从事数学工作本身，那我就是在暴露自己的弱点，那我即使被更年轻和更有活力的数学家鄙视或同情，也在情理之中。我之所以写这本"关于"数学的书，就是因为就像所有年过六旬的数学家一样，我已经不再有新鲜思想，也没有精力或耐心来有效地继续本职工作了。

§2

　　我提议为数学辩白；也许有人会告诉我，数学不需要辩白，因为不管有没有正当理由支撑，现在还没有哪一门学科，被公认比数学更有实际作用，更值得赞扬。或许事情真的如此，事实上确实很有可能。因为爱因斯坦的惊人成就，使得在公众的心目中，只有恒星天文学和原子物理学有更高的评价。现在还没到数学家自我辩护的时候。布拉德利（Bradley）[1]针对质疑声而在《表象与实在》的引言中对形而上学做出了令人钦佩的辩护，这事还轮不到数学家头上。

　　布拉德利说，别人会告诉形而上学家，"形而上学的知识是完全不可能的"，或者"即使在一定程度上可能，它实际上也并非名副其实的知识"。别人还会说，"同样的问题，同样的争论，同样的失败。为什么不放弃这种知识？放弃这个领域？难道没有任何其他值得你去做的事情？"没有人会愚蠢到使用这种语言来讨论数学。数学大部分真理都是明摆着的；数学在桥梁、蒸汽机和发电机等方面的应用，正冲击着人类最迟钝的想象力。不需要

---

1. 布拉德利（Francis Hergert Bradley，1866—1924），英国唯心主义哲学家，其最重要的著作是《表象与实在》。

说服公众去相信数学的实用性。

从一定程度上来看，这一切都让数学家感到欣慰，但真正的数学家很难对此感到满足。任何真正的数学家肯定都认为，数学的价值并非建立在这些粗浅的成就上，数学的普遍声誉主要基于无知和困惑，因此仍需要对数学进行更合理的辩解。不管怎样，我准备试试。与布拉德利艰难的辩白相比，为数学辩白应该更简单。

接下来我会问，数学为什么值得人们认真研究？数学家终其一生潜心研究的恰当理由是什么？就像一位数学家多半会回答的那样，我的回答是：我认为数学研究值得做，以此为本职工作也有着充分的理由。但我同时也会马上补充说，为数学辩白就是为我自己辩白，而我的辩白在某种程度上是利己的。如果我认为自己是失败的数学家，那我认为就不值得为自己所从事的研究辩白。

辩解中的利己主义不可避免，这一点无须再另行辩解。"谦卑"之人做不了出色的工作。打个比方，不管哪一门学科，教授的首要职责之一就是把学科的重要性以及本人在这门学科中的重要性略略拔高。老是问"我所做的事情值得吗？"和"我适合做这份工作吗？"，那这人就会显得无能，还会让他人泄气。他应该心一横，将学科和本人的工作略略拔高。心一横倒没什么难的，真正难的是不要拔高得太过了，让自己的学科和本人显得可笑。

§3

要为自己的存在和工作寻找理由，必须认清两个不同的问题。首先，自己的工作是否值得；其次，为何无论价值大小都要去做。第一个问题通常很难回答，并且答案很令人沮丧。大多数人会发现第二个问题容易得多。如果他们的答案诚实，通常将会是以下两种形式之一。第二种形式只是第一种形式的谦逊版本，所以我们认真考虑第一种形式便已足够。

（1）"我之所以从事手头的工作，是因为这是我唯一的长处所在。律师也好，股票经纪人或者职业板球运动员也好，是因为我对手头的工作有真正的天赋。我做律师，是因为我能说会道，对法律的种种细微之处感兴趣；我做股票经纪人，是因为我对市场行情判断迅速而准确；我做职业板球运动员，是因为我的击球技术超越常人。我也认为做诗人或者数学家可能更好，但遗憾的是我没有在这方面的天赋。"

我不是说，大多数人能像上文一样辩解，因为大多数人什么工作都做不好。但只要辩解起来振振有词，别人就难以反驳。毕竟只有少数人——也许5%或10%的人能把某件事情做得相当好。而把事情做到**卓越**的更是只有极少数。要是有人天赋异禀，他就应该做好准备，抱着几乎牺牲一切的心态，把天赋发挥到极致。

约翰逊（Johnson）[1]博士赞同这个观点。

我告诉他，我看到过（与他同名的）约翰逊同时驾驭三匹马，他说："先生，这样的人应该受到鼓励，因为他的表演展现了人类体能可能到达的限度……"

同样，他也会为登山者、横渡海峡游泳者和盲棋选手喝彩。从我的角度，我完全赞成人们尝试那些引人注目的壮举。我甚至对魔术师和口技演员也充满好感；阿廖欣（Alekhine）[2]和布拉德曼（Bradman）[3]尝试打破纪录，如果他们失败了，我会非常失望。对于这些问题，约翰逊博士与我以及公众的看法一致。正像特纳（W.J. Turner）[4]一针见血地指出，只有那些"高雅人士"（此处贬义）才做不到欣赏"真正做出成就的人"。

当然，我们必须考虑到这些不同活动的价值差异。我会宁愿当一名小说家或画家，而不是政治家或类似人物；成名之路千万条，但大多数人会因为那条路害处太多而选择放弃。然而，这种价值差异鲜少影响人们的职业选择，毕竟选什么职业受到天生能力的局限。诗歌比板球更有价值，但是如果布拉德曼舍弃板球生

---

1. 约翰逊（William Ernest Johnson，1858—1931），英国哲学家、逻辑学家和经济学家。他引入了可交换性概念的《逻辑》三卷本最为人所知。
2. 阿廖欣（Alexander Alekhine，1892—1946），著名国际象棋运动员。
3. 布拉德曼（Don Bradman，1908—2001），澳大利亚板球运动员，被公认为有史以来最伟大的板球击球手。
4. 特纳（Walter James Redfern Turner，1884—1946），出生于澳大利亚，后定居英国的作家和批评家。

涯，转而去写二流诗歌（我认为他在诗歌方面不可能达到在板球界取得的成就），他就是个傻瓜。如果布拉德曼的板球打得没那么好，诗歌却写得更好，那他就更难选择了：我不知道自己宁愿当维克多·特朗普（Victor Trumper）[1]还是鲁伯特·布鲁克（Rupert Brooke）[2]。好在这样的两难选择很少出现。

我还可以补充一点，他们最不可能指望自己成为数学家。人们通常会过于夸大数学家与其他人思维过程的差异，但不可否认的是，数学天赋是最具专业性的才能之一，而数学家作为一个群体，并没有突出的综合能力，也没有特别多才多艺。如果一个人能成为任何意义上的真正数学家，那么他百分之九十九做数学会比其他事情做得好，如果他放弃发挥自己天赋的良机，转而在其他领域里做平凡的工作，那么他就是愚蠢的。只有迫于经济压力或者年龄受限，这种牺牲才情有可原。

---

1. 维克多·特朗普（Victor Thomas Trumper，1877—1915），澳大利亚板球运动员，被誉为板球黄金时代最时尚、最多才多艺的击球手。
2. 鲁伯特·布鲁克（Rupert Chawner Brooke，1887—1915），英国诗人，以其在第一次世界大战期间写的理想主义战争十四行诗而闻名。

§4

我最好在这里谈谈年龄的问题，因为这对数学家特别重要。数学家千万不要忘记，相比其他艺术或科学学科，数学更是一场年轻人的比赛。举一个没那么举世闻名的简单例子，皇家学会入选者的平均年龄以数学家为最小。

当然，还有更举世闻名的例子。比如牛顿，他肯定是世界三位最伟大的数学家之一。牛顿在 50 岁时放弃了数学，并且在此前很久就失去了对数学的激情。40 岁时，牛顿就毫不怀疑地意识到，自己那富有创造力的数学生涯已经结束。他在数学领域的所有伟大成就，包括流数术和万有引力定律，是在 1666 年确定的，当时他 24 岁——"那段时间是我创造力的巅峰时期，当时我对数学和哲学的关注超过以往任何时候。"40 岁之前，牛顿有过不少重大发现（"椭圆轨道"[1] 的证明就是他 37 岁的时候成的），但此后他几乎没有重大发现，只是对以前的工作进行润色和完善而已。

伽罗瓦死时年仅 21 岁，阿贝尔 27 岁，拉马努金 33 岁，黎

---

1. 约 1602 年，开普勒提出行星的轨道是椭圆而不是圆，并用大量数据证明火星的轨道是椭圆形。牛顿的贡献在于他根据万有引力定律精确地计算了椭圆轨道。

曼 40 岁。不过也有数学家步入晚年之后取得重大成就，高斯
（Gauss）[1] 关于微分几何的重要论文在他 50 岁时才发表（尽管 10
年前他就有了这篇论文的雏形）。除此之外，我不知道数学领域
还有哪项重大发现出自年过半百之人的手。如果一位上了年纪的
人对数学失去兴趣甚至放弃，无论是对数学本身还是对他自己，
损失都不大可能很严重。

哪怕他不放弃数学，后面也不大可能有会实质性的成果，那
些放弃数学之后转行的例子也算不上鼓舞人心。牛顿成了一位能
干的造币厂厂长（他不跟别人吵架时才算）。潘勒韦（Painlevé）[2]
成了一位政绩平平的法国总理。拉普拉斯（Laplace）[3] 呢，政治生
涯更是谈不上光彩，不过用他来举例不是很恰当，因为他并不是
无能，而是不诚实，而且从来没有真正"放弃"数学。很难找到
例子来说明，哪位数学家放弃了数学之后在其他领域取得一流成
就 [4]。也许有过一些年轻人，如果他们坚持研究数学就有可能成为
一流数学家，但我从未听说过真正令人信服的例子。上述观点均

1. 高斯（Johann Carl Friedrich Gauss, 1777—1855），德国数学家、物理学家，
   在数学和科学诸多领域做出了重大贡献，被誉为最伟大、最有影响力的数学家之一。
2. 潘勒韦（Paul Painlevé, 1863—1933），法国数学家、政治家，曾于 1917 年和
   1925 年两度短期出任法国总理，第一次 9 周，第二次 7 个月。他也对工程着迷，是
   飞机发明家莱特兄弟的早期乘客之一。
3. 拉普拉斯（Pierre-Simon marquis de Laplace, 1749—1827），法国学者、博学家，
   对工程学、数学、统计学、物理学、天文学和哲学的发展都有重要贡献，被认为是
   有史以来最伟大的科学家之一，有时被称为法国的"牛顿"。
4. 帕斯卡似乎是最好的例子。[布莱士·帕斯卡（Blaise Pascal, 1623—1662），法
   国数学家、物理学家、哲学家、作家、天主教神学家。其早年发现了数学中的帕斯
   卡三角形和流体力学中的帕斯卡定律等，后来转向哲学和神学，也颇有建树。]

根据我自身有限的经验提出。我认识的每一位真正有才华的年轻数学家之所以忠于数学，不是没有其他雄心壮志，而是因为数学的丰富多彩；他们每个人都意识到，要说哪里有通往人生荣誉之路的话，数学就是这样一条路。

§5

还有一种我称之为"低调版本"的标准辩白，但我只准备简要阐述几句。

（2）"**没有什么事**我能做得特别好。我之所以做手头的工作，不过是机缘巧合。我真的从来没有机会去做别的事。"我认为这个辩白也令人信服。确实如此，大多数人什么事都无法做到出色。这样他们选择什么职业也就无关紧要，这点没什么可说的。但有自尊心的人不大可能给出这个回答，我想我们没人会对这个回答表示满意。

§6

现在该考虑我在 §3 中提出的第一个问题了，这个问题比第二个要难得多。我和其他数学家所说的数学真的值得去研究吗？如果值得，理由又是什么？

我一直在回想 1920 年我在牛津大学所作就职演讲的头几页，其中列了一个为数学辩白的大纲。那次的辩白很不充分（篇幅只有几页），写作风格现在看来也没什么可自豪的（我猜当时是用想象中的"牛津风格"写成），但我仍然觉得，无论这篇文章还需要多少完善，它已经包含了问题的本质。此处我将沿用那篇文章中的论点，在此文中进一步讨论。

（1）首先，我强调数学是**无害的**——"数学研究虽然无利可图，但它是清白无害的职业"。我现在仍然坚持这一点，但此处需要进一步展开解释。

数学确实是"无利可图"的吗？在某些方面显然并非如此；例如，它给很多人带来了极大的乐趣。不过，我所指的是狭义的"利益"。数学是否像化学和生理学等学科那样**直接**"有用"？这个问题不容易回答，而且并非全无争议。我的最终答案是，不是。尽管有些数学家和圈外人士会不假思索地给出肯定答案。而且数学真的"无害"吗？对此，答案同样不确定，在某种意义上我应该宁可避免回答这个问题，因为涉及科学对战争的影响的大问题。比如，化学在战争影响方面显然有害，那数学在这个意义上无害吗？后文我将回到这两个问题。

（2）当时我在那篇演讲稿中接着说，"宇宙的范围很广，我们浪费时间，浪费几位大师的生命，并不是什么了不起的灾难"，我的这段话似乎表现出或者装出过分谦卑的态度，我在前文反对了这种态度。这种态度并非我的本意，我是想用一句话来概括我在 §3 部分的长篇大论。我认为我们这些名家、大师确实有一点点天赋，如果尽最大努力去发挥这些天赋，十有八九错不了。

（3）最后我强调了数学成就的持久性（现在看来当时的辞藻过于华丽）：

> 我们所做的可能是小事，但这些事具有一定的持久性；无论是一本诗集还是几条定理，只要能唤起一点点持久的兴趣，就意味着我们做出了超越大部分人能力范围之事。

以及，

> 在古今研究存在冲突的今天，数学这门学科肯定有值得阐述的地方。这门学科既非始于毕达哥拉斯，也不会止于爱因斯坦，它是最古老，也是最年轻的学科。

这些不过都是"浮夸之词",但在我看来,其本质真实可靠,我可以在此展开讨论,同时又不会对其他预留问题过早地做出论断。

§7

　　我会假设这本书是为那些过去或现在满怀雄心壮志的人而写。人的首要任务，尤其是年轻人的首要任务，是怀抱雄心。雄心是一种高尚的情操，可以通过多种正当的形式实现；阿提拉（Attila）[1]或拿破仑（Napoleon）的野心当中就有**某种**高尚的东西，但最高尚的雄心壮志是留下某种不朽的价值——

> 平沙向黄昏，绵延海陆间。
>
> 何以迟夜幕，修城或著言？
>
> 祈神示符文，以阻惊涛浪。
>
> 但筑楼台阁，屹立千万年[2]。

---

1. 阿提拉（Attila，约406—约453），匈奴帝国之王，434—453年横跨中东欧，被认为是历史上最强有力的统治者之一。
2. 这是豪斯曼的一首小诗，原文为：
   Here, on the level sand,
   Between the sea and land,
   What shall I build or write
   Against the fall of night?
   Tell me of runes to grave
   That hold the bursting wave,
   Or bastions to design,
   For longer date than mine.

一直以来，雄心几乎都是世上所有工作的驱动力。特别要指出的是，几乎所有造福人类的重大贡献都是有雄心壮志的人所为。举两个著名的例子，李斯特（Lister）[1]和巴斯德（Pasteur）[2]不就是这样有着雄心壮志的人吗？另外再举两个声名没那么显赫的例子，比如金·吉列（King Gillette）[3]和威廉·威利特（William Willett）[4]，近期有谁对人类福祉的贡献能超过他们两人？

生理学特别适合拿来举例，因为它显然是一项对人类"有益"的研究。我们必须警惕科学辩白中常见的伪命题，那就是从事对人类最有益的工作的人，做这项工作时会经常想着是为人类造福，比如说，生理学家有特别高尚的灵魂。生理学家可能确实很乐意记住自己的工作将造福于人类，但鼓舞他去做这项工作的动机，与经典学者或数学家的动机没有什么区别。

有许多高尚的动机可能会把人们引向某项研究，其中最为重要的有三个。首先是求知欲（没有求知欲将一事无成），渴望获得真相。其次是职业自豪感，渴望用自己的出色表现来获取成就感，如果一个人的工作配不上自己的才华，耻辱感就会由此而

---

1. 李斯特（Joseph Lister, 1827—1912），英国外科医生，其在防腐剂方面的工作奠定了现代无菌手术的基础。英国皇家外科学院颁发李斯特奖章，以表彰对外科科学做出贡献的杰出个人。

2. 巴斯德（Louis Pasteur, 1822—1895），法国化学家、微生物学家，以发现疫苗接种、微生物发酵和巴氏杀菌原理而闻名。他在化学方面的研究显著影响了对疾病原因和预防的理解，为卫生、公共卫生和许多现代医学奠定了基础。他研发的狂犬疫苗、霍乱疫苗和炭疽疫苗挽救了数百万人的生命，被认为是现代细菌学的奠基人之一，被誉为"细菌学之父"和"微生物学之父"。

3. 金·吉列（King C. Gillette, 1855—1932），美国商人，发明了最畅销的安全剃须刀。

4. 威廉·威利特（William Willett, 1856—1915），英国建筑家和英国夏时制的推动者。

生。最后是雄心壮志，渴望声誉和地位，甚至随之而来的权势或财富。如果你的工作能造福他人或减轻他人的痛苦，你便有理由为此感到欣慰，但这不是你做这些事的原因。所以，要是数学家、化学家，甚至生理学家告诉我，他工作的动力是为了造福人类，我不会相信他（即使我相信了，我也不会觉得他真的高尚）。他工作的主要动力正如我上文所述，任何一个正派的人都无须对之感到羞耻。

§ 8

如果说求知欲、职业自豪感和雄心壮志是做研究的主要动力,那数学家无疑是最满足这几项条件的人。数学是最令人好奇的学科,没有哪门学科的真理会像数学真理那样古怪。数学讲究最精细、最迷人的技巧,能给人无与伦比的机会来展现专业技能。最后,历史充分证明,无论数学的内在价值如何,这门学科的成就最为持久。

我们甚至可以在半历史文明(semi-historic civilization)[1]中看到这一点。巴比伦文明和亚述文明已经消失;汉谟拉比(Hammurabi)[2]、萨尔贡(Sargon)[3]和尼布甲尼撒(Nebuchadnezzar)[4]只是空泛的人名;然而巴比伦数学却仍然吸引着人们的兴趣,巴比

---

1. 半历史文明并无明确定义,从上下文看来,作者所指的是只有部分历史记载的文明。

2. 汉谟拉比(约前1810—前1750),亚摩利部落的第一巴比伦王朝的第六位国王,在位自约公元前1792年至他去世,其间几乎把整个美索不达米亚纳入巴比伦治下。其颁布了汉谟拉比法典,侧重于对犯罪受害者的赔偿和对犯罪者的体罚。

3. 萨尔贡(前770或760—前705),新亚述帝国的国王,在位自公元前722年直到他在战斗中阵亡。他通常被认为是萨尔贡王朝的创始人。

4. 尼布甲尼撒(约前642—前562),在位自公元前605年至他去世。历史上称他为尼布甲尼撒大帝,是当时世界上最强大的统治者之一,因在黎凡特的军事行动、巴比伦的建设项目而闻名。

伦的 60 进位制仍然用于天文学[1]。当然，希腊的例子更有说服力。

古希腊的数学家是第一批数学家，对我们而言，仍然是"真正的"数学家。东方数学可能怪异有趣，但希腊数学才是真才实学。首先，希腊人使用的是现代数学家可以理解的语言；正如李特尔伍德有一次对我所说，他们不是聪明的学生，也不是"奖学金候选人"，而是"另一所学院的研究员"。因此希腊数学是"不朽的"，甚至比希腊文学更为不朽。阿基米德被人们铭记，而埃斯库罗斯（Aeschylus）[2] 却会被遗忘，因为语言会消亡，而数学思想却不会。"不朽"可能是一个愚蠢的词，但不管它是什么意思，数学家最有机会不朽。

数学家也不必为了未来会对他不公平而担惊受怕。不朽通常是荒谬或残酷的：几乎没有人会选择成为奥格（Og）或亚拿尼亚（Ananias）或加里奥（Gallio）那样的人[3]。即使在数学界，历史有时也会开玩笑；罗尔（Rolle）[4] 在初等微积分教科书中赫赫有名，好像他是跟牛顿一样伟大的数学家；法雷（Farey）[5] 弄不懂哈罗斯（Haros）[6] 早在 14 年前就已经完美证明的一个定理，名

---

1. 还用于几何角度和时间等的计量。
2. 埃斯库罗斯（约前 525—约前 456），古希腊悲剧演员，被称为悲剧之父。
3. 奥格、亚拿尼亚和加里奥均为《圣经》中的人物，加里奥则是一名罗马官员，三人都曾作恶。因此他们的"不朽"是遗臭万年而不是流芳千古。
4. 罗尔（Michelle Rolle，1652—1719），法国数学家，曾提出微积分学中基本的罗尔中值定理。
5. 法雷（John Farey Sr.，1766—1826），英国地质学家、作家，因为对声学中数学的兴趣而于 1816 年提出法雷序列的假设，而后由数学家柯西（Cauchy）证明。他们两人都不知道，哈罗斯在 1802 年已经发表了一个类似的结果。
6. 哈罗斯（Charles Haros），18 世纪末 19 世纪初的几何学家。

字却永垂不朽；5 位值得尊敬的挪威人，名字至今还印在阿贝尔的《生命》一书中，就因为他们愚蠢地恪尽职责，断送了他们国家最伟大的人物[1]。不过总体而言，科学史是公平的，数学史更是如此。没有任何学科像数学这样，有一套清晰且公认的评判标准，人们铭记的大多数数学家都名副其实。如果数学声望能用现金购买，那肯定是最可靠、最稳定的投资之一。

---

1. 阿贝尔曾多次申请挪威政府资助，均惨遭拒绝。

§9

学术成就的持久性令各个领域的大师深感欣慰，对数学教授来说更是如此。有时律师、政客或商人会说，学术生涯多半为那些谨慎小心、胸无大志的人所追求，其主要诉求就是舒适和安全。这种责备谬之又谬。大学教授舍弃了一些东西，尤其是赚大钱的机会：一位教授一年很难挣到 2000 英镑；职业安稳毫无疑问是教授们轻轻松松决定舍弃赚大钱的原因之一。不过，对安稳的追求并非豪斯曼拒绝成为西蒙勋爵或比弗布鲁克勋爵的原因。豪斯之所以会拒绝某些职业，是因为他不屑于成为一个 20 年后就被人遗忘的人。

然而，尽管有种种优势，一个人仍然可能无所建树，这该是多么痛苦啊。我记得伯特兰·罗素跟我讲过一个可怕的梦：梦中大概是公元 2100 年，他在大学图书馆的顶层，一名图书馆助理带着一个大桶在书架间游走，取下一本又一本书，看一眼后放回书架或扔进桶中。最后，他看到了三大卷书，罗素认出这是最后一本幸存的《数学原理》[1]。助理取下一卷，翻了几页，看起来被奇怪的符号弄糊涂了，然后把书合上，若有所思。

---

1. 《数学原理》（*Principia Mathematica*），怀特海与学生罗素合著，被认为是 20 世纪数学逻辑方面最重要的著作。

§ 10

　　数学家，就像画家或诗人一样，是模式（patterns）的创造者。要说这种模式比其他模式更持久，那是因为数学家的模式是由**思想**（idea）构成的。画家用形状和颜色创造模式，诗人则用言语和文字。绘画可能体现了某种"意境"，但这种想法通常司空见惯和无关紧要。相比之下，诗歌的意境重要得多；但正如豪斯曼所坚称的那样，诗歌意境的重要性通常被夸大。他说："我不能确定诗歌中存在意境之类的东西……诗歌不在于表达的内容，而是在于表达的形式。"

　　　　倾尽大海汹涌波涛，

　　　　难洗君王身上圣油[1]。

　　还有比这更美的诗句吗？但就这首诗的意境而言，还有更陈腐空洞的吗？意境的贫乏，似乎对语言模式的美无甚影响。此外，数学家除了思想之外似乎没有其他材料可用，数学家创造的模式也因

---

1. 莎士比亚《理查二世》第三幕第二场，原文为：Not all the water in the rough rude sea / Can wash the balm from an anointed King.

此更持久，因为与言语相比，时间流逝之下，思想的损耗更少。

正如画家或诗人的模式一样，数学家的模式也必须**优美**；正如颜色或言语一样，数学家的思想也必须和谐融洽。优美是第一道标准：丑陋的数学在世上没有永存之地。此处我必须提及一个至今仍广为传播的错误观念（虽然远远不像 20 年前那样糟糕），即怀特海所谓的"书卷气"，他认为对数学的热爱和欣赏，"局限于每代只有少数几个的古怪偏执狂"[1]。

现在，很难找到对数学的艺术感染力无动于衷的知识分子了。数学之美或许很难**定义**，但其实任何一种美都是如此——我们可能不太清楚美丽诗歌的定义，但并不妨碍我们阅读时对诗歌的鉴赏。霍格本（Hogben）[2]教授不惜一切代价贬低数学美，但也不敢冒险否认数学美的存在。"当然，数学对某些人有一种淡漠客观的吸引力。数学的美学魅力对于被挑选出来的少数人来说，很可能确实存在。"不过霍格本又指出，这样的人"寥寥无几"，表现也"淡漠"（这些人确实很可笑，住在偏僻闭塞的大学城小镇里，躲开外面广阔天地中的新鲜空气）。在这一点上，霍格本只不过是在附和怀特海所谓的"书卷气"。

---

1. 出自怀特海的《科学与现代世界》（*Science and the Modern World*），本书写于 100 年前人们开始思考科学技术在我们生活中的地位和意义的时代，将科学发现置于历史和文化背景中，探索科学与人之间的相互影响，具有划时代意义。

2. 霍格本（Lancelot Hogben，1895 — 1975），英国实验动物学家、医学统计学家，1936 年入选英国皇家学会。在实验动物学、脊椎动物繁殖机制、比较生理学、数学遗传学等方面做出了贡献。他也是科普书作者，其中《大众数学》（*Mathematics for the Million*，1936）和《大众科学》（*Science for the Citizen*，1938）十分畅销，《大众数学》曾得到爱因斯坦和罗素等的好评，§27 将提到这本书。

事实是，几乎没有比数学更"普及"的学科了。大多数人多多少少都有点数学鉴赏能力，就像大多数人都欣赏动听的音乐；对数学真正感兴趣的人可能比对音乐感兴趣的人更多。表面上看起来可能相反，但对此我可以毫不费力地加以说明。音乐可以激发大众的情绪，而数学不能；不懂音乐只是有点丢脸（毫无疑问确实如此），可是大多数人听到数学就会胆怯，以至于人人都自然而然地夸大自己在数学上的无知。

稍做反思就能看出"书卷气"的荒谬。每个文明国家都有数不胜数的国际象棋手，比如俄罗斯，几乎全部受过教育的人口都是；每个棋手都能发现并欣赏"优美"的比赛或排局。不过象棋排局**纯粹只是**数学练习（正式比赛可能不全然是，因为心理因素也会起作用），每个赞叹排局"优美"的人实际上都是在赞叹数学之美，尽管这是一种层次较低的优美。国际象棋排局是数学的赞美歌。

再举一个层次更低、更加面向大众的例子，比如桥牌，层次再低一点，比如通俗报刊上的智力游戏（Puzzle）[1] 栏目。几乎所有这类游戏的大受欢迎都是对数学魅力的致敬。杜德内（Dudeney）[2] 或

1. 智力游戏包括计算、拼图、填字游戏等，例如见下文所述杜德内的书。

2. 杜德内（Henry Ernest Dudeney，1857—1930），英国数学家。著有《趣味数学》（*Amusements in Mathematics*）、《536 个智力测验题和有趣的问题》（*536 Puzzles and Curious Problems*）、《坎特伯雷智力测验题》（*The Canterbury Puzzles*）等书。内容丰富，有不少中国元素，如方、圆、三角孔钱币、阴阳太极图、七巧板等。其中还复制了一幅中国书法。

凯列班（Caliban）[1]等更加高超的智力游戏制作人几乎很少用到其他技巧。他们了解自己的业务；大众想要的不过是小小的智力"刺激"，而其他东西的刺激都比不上数学。

我可以补充一点，世界上没有什么其他东西比发现或重新发现一条真正的数学定理让名人（以及曾经对数学使用轻蔑语言的人）快乐。比如此前赫伯特·斯宾塞（Herbert Spencer）[2]在他的自传中重新发表了他20岁时证明的关于圆的定理（他不知道两千多年前柏拉图已经证明过）。近期索迪（Soddy）教授的例子更加令人震惊（不过那条定理确实是**他自己的**）[3]。

---

1. 凯列班，莎士比亚剧《暴风雨》中半人半兽形怪物的名字。

2. 赫伯特·斯宾塞(1820—1903)，英国哲学家、生物学家、人类学家和社会学家，以他的社会达尔文主义假设，即优越的物质力量塑造了历史而闻名。

3. 参见索迪关于"六边形"（Hexlet）的信件，*Nature*，vols. 137—139（1936—1937）。[索迪（Frederick Soddy, 1877—1956），英国放射化学家，精通化学、核物理、统计力学、金融和经济学。其与欧内斯特·卢瑟福一起证明了放射性是由元素的嬗变引起的，现在已知这与核反应有关。]

§ 11

国际象棋排局是真正的数学问题，但它在某种程度上是"不重要"的数学。无论多么巧妙和复杂，无论走棋多么有创意、多么令人出其不意，它都缺少一些基本的东西。国际象棋排局都**没什么重要性**可言，最好的数学不仅优美，而且**严谨**——或者说"重要"，如果你喜欢这样说，但是这个词非常含糊，"严谨"更能表达我的意思。

我这里尚未考虑数学的"实际"效果，稍后我会回到这一点。目前我只想说，如果从粗略意义上而言，国际象棋的排局"无用"，那么大多数最好的数学也是如此；只有极少部分在实践中有用，并且这一小部分相对而言是枯燥乏味的。数学定理的"严谨性"不在于其通常可忽略不计的实际效果，而在于它所联结的数学概念的**重要性**。我们可以粗略地说，如果某个数学概念与其他各式各样的数学概念有着自然而富有启发性的联结，那么这个数学概念是"重要"的。严谨的数学概念如与其他重要思想联结，很可能会催生数学本身乃至其他科学领域的重要进展。至今没有哪个国际象棋排局影响了科学思想的一般发展；而毕达哥拉斯、牛顿、爱因斯坦均改变了各自所处的时代，改变了科学的整体发展方向。

当然，定理的严谨性并不**在于**它的效果，效果仅仅是其严谨性的**证据**。莎士比亚对英语这门语言的发展有着巨大的影响，奥特韦（Otway）[1]则几乎没有。但这解释不了为何莎士比亚在诗歌方面更为出色。他之所以更出色，是因为他写的诗篇更出色。同样，国际象棋排局的地位低，不在于其效果，而在于其内容。

还有一个要点，后文我将一笔带过，并非这个问题无趣，而是因为它太困难，而且我在讨论美学严谨方面还不够格。数学定理的优美在很大程度上**取决于**严谨性，就像在诗歌中，诗句之美可能也在某种程度上取决于诗歌思想的重要性。前文我引用了莎士比亚的两行诗，来体现词语模式的纯粹美，不过下面这两行诗可能更优美：

人生阵阵热浪后

他便安然入梦乡。[2]

诗句模式工整，意境明确，音节优美，我们的情感因此有了更深的激荡。思想对模式确实很重要，在诗歌中如此，在数学中自然就更重要了，不过我在此不打算深究。

---

1. 奥特韦（Thomas Otway，1652—1685），复辟时期英国剧作家，最著名的作品是悲剧《威尼斯被保存》或称为《阴谋被发现》（1682 年）。
2. 原文为：After life's fitful fever he sleeps well seems still more beautiful. 莎士比亚《麦克白》第三幕第二场麦克白对夫人说的话。他们俩都对自己为获得王位所做的一切感到不快和痛苦，并试图摆脱这种感觉。

§ 12

　　行文至此，如要更深一步阐述，那么我必须举出"真实"的数学定理作为例证，而且必须是数学家公认一流的数学定理，不过本篇行文颇为受限。一方面，我的例子必须非常简单，没有专业数学知识的读者也能看懂；无须事先详细说明；而且不仅要能看懂证明，也要能看懂表述。这样一来，数论中许多最优美的定理就只能排除在外，比如费马（Fermat）[1]的"两个平方数之和定理"及二次互反律[2]。另一方面，我的例子应该来自"纯正"的数学，即职业数学家的数学；但这样又排除了很多相对来说比较容易理解，但牵扯到逻辑学和数学哲学的例子。

　　别无他法，我只好又选择希腊数学。接下来我将阐述并证明两条注明的希腊数学定理。这两条定理从思想到证明都很"简

---

1. 费马（Piere de Fermat，1607—1665），法国数学家、律师，他在微积分学的早期发展、解析几何、概率论、数论等学科都做出了重要贡献。最为世人所知的是他随手写下的费马定理。其中最有名的是费马大定理：当 $n>2$ 时，没有整数 a，b，c 可以满足 $a^2+b^2=c^2$。其证明到 1995 年（358 年以后）才由英国数学家怀尔斯（A. Wiles）完成。另一条是费马小定理：若 p 是素数，则对任意整数 a，数 a^p-a 是 p 的整数倍。其证明常常应用欧拉定理的一条引理。

2. The law of quadratic reciprocity，被欧拉和勒让德注意到，最后由高斯证明，对勒让德符号的计算有很大帮助。其表述和证明都略显复杂。

单"，但毫无疑问是最高级别的定理。每一条都像被发现时那样让人为之眼前一亮，并且始终具有举足轻重的作用。两千年过去，它们身上都没有留下时间的痕迹。此外，任何有理解能力的读者，不管其数学知识深浅，都可以在一个小时内掌握这几条定理的论述和证明。

I. 第一个例子是欧几里得[1]证明存在无穷多个素数。

素数是以下数字：

（A） 2，3，5，7，11，13，17，19，23，29，……

它们不能被分解成更小的因子[2]。例如 37 和 317 是素数。每个整数均可以由素数相乘得出：例如 $666 = 2 \times 3 \times 3 \times 37$。每一个本身不是素数的数都至少能被一个素数（当然通常是几个素数）除尽。要证明有无穷多个素数，即证明数列（A）无穷。

先假设数列（A）有限，即：

$$2，3，5，\cdots，P$$

是一个完整的数列（因此 P 是最大素数）；在这个假设下，让我们考察数 Q，Q 的定义如下：

---

1. 《几何原本》IX.20. 中许多定理的真正原始来源不详，但似乎没有理由认为这条定理不是欧几里得的原创。——原注

2. 因技术原因，我们不把 1 计入素数。——原注

$$Q=(2 \times 3 \times 5 \times \cdots \times P)+1$$

很明显 Q 不能被 2，3，5，…，P 中的任何一个数除尽；因为相除之后余数为 1。如果 Q 本身不是素数，则可以被**某个**素数除尽，因此有一个素数（可能是 Q 本身）比这个数列中的任何一个都大。这与之前的假设，即不存在大于 P 的素数相矛盾，因此原假设是错误的。

这个证明采用的是"**归谬法**"，深受欧几里得喜爱的"归谬法"是数学家最好的武器之一[1]。它比国际象棋的任何开局让棋法都高明；象棋手舍弃的是一兵一卒，但是数学家舍弃的是**整个棋局**。

---

1. 也可以不用归谬法完成这个证明，有些学派的逻辑学家不喜欢归谬法。——原注

§ 13

II. 我的第二个例子是毕达哥拉斯[1]对$\sqrt{2}$是"无理数"的证明。

"有理数"是一个分数$\sqrt{\frac{a}{b}}$，其中a和b是整数；我们可以假设a和b没有公因子，因为如果它们有，我们可以消掉。说"$\sqrt{2}$是无理数"其实只是说2不能表示为$\left(\frac{a}{b}\right)^2$形式；而这与说方程式

（B） $$a^2 = 2b^2$$

不能被没有公因子的整数值a和b满足是一回事。这是一个纯粹的运算[2]定理，它不要求任何关于"无理数"的知识，也不依赖于关于无理数性质的任何理论。

我们再次用归谬法来证明；先假定（B）成立，a和b是没有公因子的整数。由（B）可知a^2是偶数（因为$2b^2$可以被2除尽），且因此，a是偶数（因为奇数的平方是奇数）。如果a是偶

---

1. 这个证明传统上归功于毕达哥拉斯，肯定是毕达哥拉斯学派的产物。这个定理以更常见的形式出现在欧几里得《几何原本》命题 X.9 中。——原注

2. 这里的"运算"（arithmetic），不限于我们熟悉的加减乘除，也包括对有理数的性质及其一般关系的讨论，下面有许多类似用法。参见 P93 注释 1。

数，则

（C） $$a=2c;$$

而 c 为整数，因此，

$$2b^2=a^2=(2c)^2=4c^2$$

或者

（D） $$b^2=2c^2。$$

因此 b^2 是偶数，b 也是偶数（理由同前）。也就是说，a 和 b 都是偶数，因此有公因子 2，与之前的假设相矛盾，因此假设错误。

从毕达哥拉斯定理可以推出，正方形的对角线与它的边是不可通约的（即二者的比不是一个有理数，不存在可以使二者同时为其整数倍的单位）。如果取其边长作为我们的长度单位，设对角线的长度为 d，根据毕达哥拉斯著名的勾股定理[1]可知，

$$d^2=1^2+1^2=2,$$

----

1. 欧几里得《几何原本》命题 I.47。——原注

所以 d 不可能是有理数。

数论中还有很多无论人人都可以理解其**含义**的精彩定理。例如，有一条所谓的"算术基本原理"[1]，称任何整数都只能以**唯一方式**分解为素数的乘积。例如 666=2 × 3 × 3 × 37，除此之外没有其他分解方式；不可能存在 666=2 × 11 × 29 或 13 × 89=17 × 73（无须算出乘积就可以看出）。顾名思义，这条定理是高等算术的基础；证明并不"困难"，但需要相当的数学功底，不是专门学数学的读者可能会感觉乏味。

还有一条优美的著名定理——费马的两个平方数之和定理。如果不考虑特殊的素数 2，素数可以分为两类；一类素数

$$5，13，17，29，37，41，\cdots\cdots$$

除以 4 的余数为 1，另一类素数

$$3，7，11，19，23，31，\cdots\cdots$$

除以 3 的余数为 1。第一类的所有素数都可以表示为两个整数的平方之和，例如

---

1. 欧几里得《几何原本》命题 VII.30,31 和 32，以及 IX.14 实质上就是这条定理的陈述和证明。

$$5=1^2+2^2, \quad 13=2^2+3^2$$
$$17=1^2+4^2, \quad 29=2^2+5^2$$

但是第二类的素数都不可以，例如 3，7，11 和 19 都不能用这种方式表示（读者可以自行验证）。这条费马定理被名正言顺地列为最优秀的算术定理之一。遗憾的是，除了具有相当专业的数学知识的人，常人难以理解其证明。

"集合论"中也有一些优美的定理，如康托尔的连续统"不可数性"定理[1]。这条定理证明的困难之处恰好相反。只要掌握了定理所使用的语言，证明非常容易，但需要大量的解释，才能把这条定理的意思弄清楚。因此，其他例子我不再赘述。上文所举几例可以看成一种试探，无法理解这几个例子的读者可能无法欣赏数学领域的任何东西。

上文提到，数学家是思想模式的创造者，而优美和严谨是模式的评判准则。我很难相信，能理解上述两个定理的人会质疑它们在优美和严谨方面不合格。拿这些例子与杜德内最巧妙的智力游戏题相比或者与国际象棋大师布出的最好排局相比，优美与严谨的孰优孰劣，一目了然，二者的层次显然有差别。本文所举例证要严谨得多，也优美得多。那么，是否能更详细地阐述其优势呢？

---

1. 应该是指康托尔对无穷大的分类。第一级无穷大是可数的，即整数的总数目；第二级无穷大是不可数的，即点的总数；第三级无穷大也是不可数的，即曲线的总数，尚未找到更高级的无穷大。

§ 14

　　首先，数学定理在**严谨性**方面的优势是显而易见和压倒性的。国际象棋排局结合了巧妙但复杂程度有限的想法，这些想法在本质上并无很大区别，而且对外界几无影响。即使国际象棋从未发明，我们的思维方式依旧不会发生改变，而欧几里得定理和毕达哥拉斯定理却深刻地影响了思维，甚至远至数学之外的领域。

　　因此，欧几里得定理对算术的整个结构至关重要。素数是我们用以构建算术的原材料，而欧几里得定理保证了我们有足够的材料来完成这项任务。而毕达哥拉斯定理的应用更为广泛，更适合作为学习素材。

　　首先，毕达哥拉斯的论证可以进一步深入，并且通过不影响原则性的变化，应用于广泛的"无理数"。我们采用类似方法证明 [如西奥多勒斯（Theodorus）[1] 或曾证明过的那样]

1.　西奥多勒斯（Theodorus of Cyrene），古希腊数学家，活跃于公元前 5 世纪。其著作均已佚失，但柏拉图的《对话》中有部分残留，按照其学生泰特塔斯（Theaetetus）的叙述，西奥多勒斯证明了 $\sqrt{3}$、$\sqrt{5}$、$\sqrt{7}$、$\sqrt{11}$、$\sqrt{13}$、$\sqrt{17}$ 是无理数。

$$\sqrt{3}, \sqrt{5}, \sqrt{7}, \sqrt{11}, \sqrt{13}, \sqrt{17}$$

是无理数，或者（比西奥多勒斯更进一步）证明 $\sqrt[3]{2}$ 和 $\sqrt[3]{17}$ 也是无理数 [1]。

欧几里得定理告诉我们，我们有充足的原材料，能为整数构建完整的算术体系 [2]。毕达哥拉斯定理及其延伸则告诉我们，即使我们构造出这个算术体系，也不能充分满足我们的需求，因为不难发现还有很多不能度量的值需要我们考虑；正方形的对角线只不过是最明显的例子。这个发现的深刻重要性立即引起了希腊数学家的注意。他们最初假设（我猜是按照"本能"的"常识"）所有同类的量值都是可公度的，例如，任何两个长度都是某个公共单位的倍数，并根据该假设建立了一种比例理论。毕达哥拉斯的发现暴露了该理论基础的缺陷，促使欧多克斯（Eudoxus）[3] 建立更深刻的理论，见《几何原本》第五卷详述，被许多现代数学家视为希腊数学最杰出的成就。该理论思维的前沿性令人惊叹，可视作现代无理数理论的发端，彻底革新了对数字的分析，并对

---

1. 参见 Hardy and Wright, *Introduction to the Theory of Numbers*（《数的理论引言》），其中讨论了毕达哥拉斯论据的各种推广，以及关于西奥多勒斯的历史之谜。——原注

2. 一般而言，算术只需要整数，无须欧几里得定理便可知整数有无穷多个。但欧几里得定理证明了素数有无穷多个，这对数论是有帮助的。

3. 欧多克斯（Eudoxus of Cnidus，约前 408—约前 355），古希腊天文学家、数学家、学者。其所有研究成果均佚失，但有些片段保存在其他著作中，其中最有名属本书中提到的《几何原本》第五卷。

近代哲学有重大影响。

这两个定理的"严谨性"完全没有疑问。因此,更值得一提的是二者完全没有"实际"作用。在实际应用中我们只关心相对小的数字;只有天文学和核物理学处理"大"数,即使与最抽象的纯粹数学相比,实际作用也没大多少。我不知道工程师通常用到的最高精度是多少,十位数恐怕都高了。然而

$$3.14159265$$

(π 的值精确到小数点后八位)也才是两个九位数之比,

$$\frac{3.14159265}{100000000}$$

小于 1,000,000,000 的素数有 50,847,478 个:对工程师来说完全够用了,即使不算上其他素数,也够用了。欧几里得定理先阐述到此。至于毕达哥拉斯定理,很明显,工程师对无理数不感兴趣,因为他们只关心近似值,而所有近似值都是有理数。

§ 15

  "严谨"的定理是包含"重要"概念的定理，为此我应该进一步分析数学概念为何有意义的特性。这种分析非常困难，而且我给出的分析很难说会有重要价值。我们看到"重要"的概念时，能一眼认出来，就像前文所述的那两个标准定理一样，但这个认知能力需要相当高的数学修养，需要在数学领域深耕多年之后对数学概念的那种熟悉。所以我必须尝试某种形式的数学分析，而且应该可以找到一种明白易懂的分析方法，哪怕它多么不完美。无论如何，有两种特性看起来必不可少：一定的**普遍性**和一定的**深度**，但这两项特质都很难精确定义。

  重要的数学概念和严谨的数学定理，应该具有下述意义的"一般性"。这个概念应该是很多数学构想的组成部分，可用于很多不同定理的证明。这条定理即使最初用非常特殊的形式陈述（如毕达哥拉斯定理），后来也能有相当广泛的延伸，并且可作为同类型定理中的典型例子。证明所揭示的关系应该与许多不同的数学概念相联结。所有这些说法都非常含糊不清，并且有许多回旋余地。显然，要是一条定理明显缺乏这些特性，那它就不大可能是严谨的定理。我们只需要从算术的海洋中选择两个互不相关的特例。以下是我从劳斯·鲍尔（Rouse Ball）的《数学游戏与欣赏》[1]中几乎随机选取的两例。

（a）只有 8712 和 9801 是可以表示自身"反置数"整数倍的四位数：

$$8712 = 4 \times 2178, \ 9801 = 9 \times 1089$$

其他小于 10000 的数字均不具有这个性质。

（b）在大于 1 的数字中，只有 4 个数字等于自身组成数字的立方和，即

$$153 = 1^3 + 5^3 + 3^3, \ 370 = 3^3 + 7^3 + 0^3$$
$$371 = 3^3 + 7^3 + 1^3, \ 407 = 4^3 + 0^3 + 7^3$$

这些例子都有些奇怪，非常适合拿来做智力游戏，吸引业余爱好者，但没有哪个数学家会对此感兴趣。这些例子的证明既不难，也谈不上有趣，反而有点无聊。这些定理不是严谨的定理；很明显的原因（虽然可能并非最重要的原因）在于，其表述和证明太过特殊，没有显著的普遍性。

---

1. 1939 年第 11 版（H. S. M. Coxeter 修订）。——原注

§ 16

　　"普遍性"是一个模棱两可而且相当危险的单词，我们必须小心，不花过多篇幅讨论这个问题。普遍性广泛见于数学以及关于数学的著作，其中有一个特例，虽然与本文的论述无关，但备受逻辑学家推崇。从这层意义上来说，所有数学定理**都**同样地具有完全的"普遍性"。

　　怀特海曾说[1]，"数学的确定性取决于自身完全抽象的普遍性。"我们称 2 + 3 = 5，既假设三种"事物"之间存在关系；这些"事物"不是苹果或便士，或任何特定的物品，它们**只是**"事物"，"任何事物都算"。该表达式的含义完全独立于该表达式中具体事物的个别性。所有数学"对象""实体"或"关系"，例如"2""3""5""+"或"="，以及包含它们的数学命题，在完全抽象的意义上均具有普遍性。事实上，怀特海的话未免显得累赘，因为从这种意义上来看，普遍性就是抽象性。

　　"普遍性"的意义很重要，逻辑学家强调它不无道理，因为它体现了一个不言而喻的真理，许多本应了解其意义的人却容易

1.　《科学与现代世界》，第 33 页。——原注

忘记。例如，常常见到天文学家或者物理学家声称，自己发现了一种"数学证据"，证明物理宇宙必须以特定的方式运行。所有这些主张，如果按字面解释，毫无疑问都是胡说八道。**不可能**在数学上证明明天会有日食，因为日食和其他物理现象并非抽象数学世界的组成部分；我想所有天文学家都不得不承认这一点，哪怕他们曾无数次准确地预测了日食。

很明显，本文论述与这种"普遍性"并不相关。我们要找的是不同数学定理之间在"普遍性"上的**差异**，而在怀特海看来，普遍性都是无差别的。例如，§15 中的定理（a）和（b），与欧几里得定理和毕达哥拉斯定理一样"抽象"或"普遍"，国际象棋排局也是如此，无论棋子是白色和黑色，还是红色和绿色，甚至不管有没有"棋子"这个实体，对专业棋手而言都没什么差别，排局还是他们轻而易举记住的**同一个**排局，而我们则必须借助棋子。棋盘和棋子只是激发我们迟钝想象力的工具，它们之于象棋排局，就好比黑板和粉笔之于数学课中的定理，无甚重要关系。

本文要寻找的并非存在于所有数学定理中的普遍性，而是在 §15 中稍微提及的那种更加微妙和难以琢磨的普遍性。这种普遍性也不宜**过分强调**（我认为像怀特海这样的逻辑学家倾向于这样做）。现代数学的卓越不仅仅是"各种微妙的普遍性的堆砌"[1]，虽然这种堆砌确实是现代数学的突出成就。一流数学定理中肯定

---

1. 《科学与现代世界》，第 44 页。——原注

存在一定程度的普遍性，但要是普遍性**太泛滥**，又会导致枯燥乏味。"每件事物都是自己而非他物"，事物之间的差异与共性一样有趣。我们择友不是因为对方具备人类所有的优点，而是因为对方的特性。数学也是如此；太多事物都具有的共性很难让人眼前一亮，数学思想要是没有足够的个性，也会变得黯淡。不管怎样，此处引用怀特海的话来支撑我的观点："被适当特殊性制约的广泛一般性，才是富有成果的概念。"[1]

---

1. 《科学与现代世界》，第 46 页。——原注

§ 17

我认为重要定理的第二种特质是**深度**，这个特质同样难以定义。它与**困难程度有关**，定理越"深刻"，通常就越难掌握；但二者并非始终呈正向相关。毕达哥拉斯定理基础的基本概念及其延伸很深刻，但现代数学家不会觉得它们很难。相反，另外，一条定理可能在本质上是肤浅的，却很难证明（如许多"丢番图"[1]有关方程整数解的定理）。

数学概念似乎以某种方式分层排列，每一层中的概念都由彼此之间以及与上下层之间的复杂关系相联结。层次越靠下，概念就越深刻（通常也越难懂）。例如"无理数"比整数更深刻，同理，毕达哥拉斯定理比欧几里得定理更深刻。

如果考察整数之间的关系，或者考察同一层其他对象组的关系，就会发现有些关系完全可以理解，比如无须较低层次的内容，就能识别和证明整数的一些特性。因此欧几里得定理的证明只用考虑整数的特性。但整数的很多定理无法轻易理解，要想证明，则需要更深的挖掘，考虑深层的内容。

---

1. 丢番图（Diophantine），古希腊亚历山大大帝后期的重要学者和数学家（约公元246—330，据推断和计算而知），是代数学的创始人之一，对算术理论有深入研究。

在素数理论中也容易找到例子。欧几里得定理很重要，但不是很深刻：我们不需要比"可除性"更深刻的概念，就能证明有无穷多个素数。但是一旦得出答案，新的问题就会出现。这无穷多个素数，是如何分布的呢？假如有一个很大的数 N，比方说 10^{80} 或 $10^{10^{10}}$[1]，大约有多少个小于 N^2 的素数？当我们问**这些**问题时，就会发现自己的思维层次差别很大。我们能以惊人的准确性来回答这些问题，但需要钻研得更深，把整数暂时放在一边，使用现代函数理论最强大的武器来解决。因此，回答这个问题的定理（所谓的"素数定理"[3]）比欧几里得定理甚至毕达哥拉斯定理深刻得多。

我还能举出许多例子，但"深刻性"的问题，即使对能认识深刻性的数学家也难以捉摸。我想我很难再想出其他绝妙解释来化解读者的困惑。

---

1. 人们假定宇宙中的粒子（原文为质子）总数约为 10^{80}。而数字 $10^{10^{10}}$，如果写下来，篇幅将大约相当于 50000 卷普通大小的书。——原注

2. 正如我在 §14 中提到的，小于 1,000,000,000 的素数有 50,847,478 个，但只限于我们目前的**确实**认知范围。

3. 素数定理的陈述简单明了："从 1 到任意大数 N 的区间中素数的百分比，可以用 N 除以 N 的自然对数近似地表示。并且 N 越大，这个近似就越好。"但其证明很复杂。

§ 18

　　我在§11中比较了"真正的数学"与国际象棋，还留下一个问题待解决。我们现在可能想当然地认为，在实质性、严谨性和重要性方面，数学定理的优势是压倒性的。对训练有素的知识分子而言，数学的美学优势也显而易见，只是这种优势更难捉摸，国际象棋排局的**主要缺陷**，直白地说就是它的"不重要性"，这种比较与其他纯粹审美交织在一起，也给其他纯粹审美造成干扰。诸如欧几里得定理和毕达哥拉斯定理，我们如何区分哪些属于"纯粹美"呢？我不敢妄下结论，下文只略加阐述。

　　在这两个定理中（当然也包括定理证明在内）有很高程度的**不可预测性**，同时还具有**必然性**和**简洁性**。定理的证明方式奇怪且出人意料。与影响深远的结果相比，使用的工具显得十分简单幼稚，结论却完整无缺。证明的细节也不复杂，一行一个步骤足矣；对于那些需要很高数学专业水平才能理解的、难度更大的定理，其证明也是如此。我们不希望数学定理的证明出现大量"变异"，"列举"确实是数学论证中比较枯燥的形式之一。数学证明看起来应该像星座一样简明而清晰，而不是像银河系的星团那样分散而模糊。

国际象棋排局也有不可预测性和一定的简洁性，关键在于走棋应该出其不意，每颗棋子都要派上用场。但审美效果可以累积，走出关键一步，下一步应变化多端（除非排局太过简单，索然无味），每一步都要有相应的对策。"如果走 P–B$_5$，下一步就走 Kt–R6[1]；如果……那么……；如果……那么……"，如果后续没有多种对策，走棋效果可能不佳。这些都是真正的数学，有其优点，但这样只是"列举证明"（而且列举的情况实际上并无根本差异[2]），真正的数学家通常对此不屑一顾。

我认为，此处可以通过棋手自身的感受来加强本人论证。当然，国际象棋大师和重大比赛的参赛者，内心都蔑视用纯粹数学知识来下棋。他们经验颇丰，临阵会想到很多对策："如果对方走这一步，那我就走这一步来牵制。"国际象棋"重大赛局"主要在于心理较量，是训练有素的棋手之间的智慧碰撞，而不仅仅是数学小定理的收集和使用。

---

1. 国际象棋有王（King,K）、后（Queen,Q）、车（Rook,R）、象（Bishop,B）、马（Knight,Kt）和兵（Pawn,P）6种棋子，而棋盘格子用 QR、QN、QB、Q、K、KB、KN、KR（现在更常用的是 a–h）作为横坐标，1—8作为纵坐标，每个格子对黑白方的纵坐标不同，例如对白方为1，则对黑方为8，以此类推。
2. 我认为，人们所称的排局价值应该在于同一种排局会有多种变化形式。——原注

§ 19

我现在必须回到当时我在牛津大学发表的那番演讲，进一步阐述我在 § 6 中尚未谈及的观点。从前文阐释可以发现，我对数学感兴趣只因为它是一门创造性艺术。但是还有许多其他问题需要考虑，尤其是数学的"实用性"（或无用性），对此人们尚存疑问。此外，我们还必须考虑数学是否真如我在牛津演讲中提到的那样"无害"。

如果一门科学或艺术的发展能增加物质财富，造福人类，提升人们的幸福感，哪怕只是间接起作用，也可以称其"有用"，这里的"有用"是大概和普遍意义上的有用。因此，医学和生理学是有用的，因为它们可以减轻痛苦；工程学是有用的，因为它能用来修筑房屋和桥梁，提高生活水平（工程学当然也有害，不过此处暂不作讨论）。照此来看，部分数学知识肯定也是有用的，没有适当的数学知识，工程师就做不好工程设计，生理学领域如今也有了数学应用的身影。因此，我们有理由为数学辩白，这个辩白并不完善，甚至算不上特别有说服力，但值得我们去研究。数学的"高尚"用途（如果有的话），在于与各种创造性艺术的结合，不过这与本文想要阐述的论点无关。数学可以像诗歌或音乐一样，"让人养成并保持高尚性情"，提升数学家乃至其他人的幸福感；但从这个角度为数学辩白，不过是重复前文的观点。下文要分析的是数学的"原始"应用。

§ 20

一门学科显然是有用的，但这个观点也尚存疑问。大多数最"有用"的学科，对大部分人来说往往是最无用的学科。社会要是不缺生理学家和工程师，人们将因此受益，但对普通人来说，生理学和工程学并无多大用处（虽然他们的学习可能出于其他原因）。就我自己而言，除了纯粹数学之外，我没发现其他学科知识给我带来半点好处。

实际上我们不得不诧异，科学知识对普通人的实用价值是如此之小，如此枯燥又如此平凡，其价值几乎与其声名在外的效用成反比。普通算术做得快是有用的（这个当然属于纯数学应用）；懂一点法语或德语，懂一点历史和地理，甚至懂一点经济学都是有用的。但是化学、物理学或生理学在日常生活中毫无价值。即使我们不知道气体的构成，也知道它会燃烧；汽车抛锚了，我们会送去修车店；胃出了问题，我们就去看医生或者去药房。我们的生活要么依靠经验法则，要么依靠别人的专业知识。

然而，这是次要问题，一个教育学问题，只有老师们会对此感兴趣，因为他们不得不回应那些吵着要求为自己的子女提供"有用的"教育的家长。我们说生理学有用，并不是建议大多数人都去学生理学，但少部分生理学家若能推动这门学科的发展，那大多数人将从中受益。现在重要的问题是，数学的有用是多大程度上的？哪些数学领域最有用？通过"有用"这一依据，能在多大程度上为数学家所理解的深入研究做辩解？

§ 21

行文至此，我将作何结论也许已经一目了然。下文我将先武断地提出结论，再做阐释。不可否认，很多初等数学家在实践中相当有用（这里的初等数学即职业数学家所谓的初等数学，包括微积分计算知识的应用）。数学的这些部分整体看来相当枯燥无味，也正好是最没有美学价值的部分。"真正的"数学家所研究的"真正的"数学，如费马、欧拉、高斯、阿贝尔和黎曼研究的数学，几乎完全"无用"（这一点对于"应用"数学和"纯粹"数学同样成立）。不可能根据"实用性"来判断一位真正的专业数学家的职业生涯。

但此处我必须澄清一个误解。人们有时认为，纯粹数学家以工作的无用性为荣[1]，并宣扬自身的工作没有实际用途。这种污名起因于高斯随口所说的一句话，大意是：如果数学是科学的女王，那么数论则因其极端无用性成为数学领域的女王。不过我从未找到这句话的确切出处。我敢肯定，高斯的原话（如

---

1. 我自己曾因该观点而被指责。我确实有一次说过，"只有当一门科学的发展能强调财富分配的不均衡性，或者直接危害人类生命，才是有用的"，这句话写于 1915 年，几经引用（用来支持我或反对我）。这句话明显有夸大的成分，不过就当时的环境来说情有可原。——原注

果确实是他说的）受到了相当严重的曲解。如果数论可用于任何实际、显赫的目的，如果能像生理学或化学那样直接造福人类，减少痛苦，那么可以肯定，高斯或其他数学家都不会愚蠢到诋毁或者懊悔这样的应用。但科学可以行善也可以作恶（尤其是在战时）；高斯和其他数学家都应该感到高兴，有一门学科（而且是他们自己研究的那门学科），正因为与普通人类活动的距离而保持了高尚和清白。

§ 22

还有一个误解需要辩白。人们很自然地会认为，"纯粹"数学和"应用"数学的差别很大。这是一种错觉：这两种数学确实有明显差异，后文我将予以说明，但并不影响二者的实用性。

纯粹数学与应用数学之间有什么不同呢？这个问题肯定有答案，而且数学家对此有统一的答案。我的回答没有丝毫有背传统共识之处，但需要稍做说明。

接下来两节可能带有一些哲学意味，不过并不深奥，也不会对我的主要论题产生关键影响；下文将频繁用到一些词语，它们具有明显的哲学含义，如果不加解释，读者可能会感到困惑。

形容词"真正的"在下文中频繁出现，就像人们在日常生活中经常用到一样。我说过"真正的数学"和"真正的数学家"，我可能也提到过"真正的诗歌"或"真正的诗人"，而且会继续这样使用。不过我也会用到另一个词——"现实"，这个词有两种含义。

首先是"物理现实"，此处用的是通常意义的词义。我所说的物理现实指物质世界，有白天和黑夜，有地震和日食，是物理科学试图描述的世界。

我想到目前为止，没有读者会觉得我的用词有问题，但接下来的阐释会更加困难。对于我来说，我想对于大多数数学家也是如此，还有另一个现实，我称之为"数学现实"，并且无论是数学界还是哲学界，都没有对数学现实的本质达成共识。有人认为它是"精神上的"，我们在某种意义上构建了它；其他人则认为，它是我们的身外之物，独立于我们而存在。一个人如果能对数学现实给出令人信服的解释，那么他就能形而上学地解决许多难题。如果他能把物理现实引入其中，那么就能解决所有难题。

　　即使我有这个能力，也不打算在此赘述。不过为了避免小误解，我将稍做申明。我认为数学现实存在于我们之外，我们的作用是发现它或**观察**它，并且我们证明的定理，以及我们引以为傲的"创造"，只是观察记录而已。此外，自柏拉图以来许多享有盛誉的哲学家也持有这样的观点，不过表达形式可能各异。对持有这种观点的人来说，我所采用的语言是合乎情理的。读者要是不喜欢这种哲学语言，可以换一种说法，但是对我的结论几无影响。

§ 23

　　纯粹数学与应用数学的最大差异也许体现在几何学上。纯粹几何学[1]是存在的，其中包括许多分支：射影几何、欧几里得几何、非欧几何等等。每一种几何都是一种**模式**，由概念构成，并根据具体模式的意义和美来鉴别。几何是一幅**地图**或一幅**图像**，是很多方面的组合物，也是数学现实的一部分，而且是一种不完美的复制品（但在目前范围内又是一种精确的复制品）。但目前需要关键说明的一点在于，无论如何，纯粹几何**不可能**描绘物理世界时空现实的图像。很显然，地震和日食并非数学概念。

　　对于外行来说，此处的论述可能有点自相矛盾，但对几何学家确实是自明之理。我也许可以举一个形象的例子来说明。假设我正在开展一个有关几何学的讲座，例如普通的欧几里得几何，我会在黑板上画一些图形，比如一些直线、圆或椭圆的草图来激发听众的想象力。显而易见，不管我画的图形是美是丑，都不会影响到我证明的定理。图形的作用不过是把我的意思清楚地传达

1.　为了本文的讨论目的，我们当然必须把数学家所谓的"解析"几何算作纯粹几何。——原注

给听众，如果意思表达清楚了，那么重新让画技出众的画师画一遍也没有增益。它们只是教学用图，并非课程的实质性内容。

接下来进一步阐释。我正在讲课的教室是物理世界的一部分，本身有固定模式。对这种模式，以及对物理现实的一般模式的研究，本身就是一门科学，可以称之为"物理几何学"。现在假设把一个大功率发电机或一个巨大的重物搬进房间，物理学家会告诉我们，教室的几何结构发生了变化，整间教室的物理模式发生了轻微的改变，虽然改变轻微，但确实是改变了。那么我刚刚证明的定理是否不成立了呢？我的证明当然没有受到影响。这就好比读者不小心把茶洒在莎士比亚的剧本上，他的剧作不会发生任何改变一样。剧作本身独立于印刷的纸张，就像"纯粹几何"独立于讲课的教室，独立于物理世界的其他部分一样。

这是纯粹数学家的观点。应用数学家和数学物理学家自然有不同的观点，因为物理世界已经在他们脑中先入为主，而且这种物理世界有自身的结构或模式，我们不能像描述纯粹几何那样做到准确描述，不过我们还是能说出一些有意义的观点。我们可以精确或粗略地描述它的一些组成部分之间的关系，将这些关系与纯粹几何某些体系的组成部分之间的精确关系进行比较，这样我们也许可以找出两组关系之间的某种相似之处，这样物理学家就会对纯粹几何学产生兴趣，也会在我们眼前描绘出一幅与物理世界的"事实相符合"的图像。几何学为物理学家提供了一整套可供选择的图形，其中某幅图可能比其他的更符合事实，于是提供这幅图的几何学将成为应用数学中最重要的几何学。我还可以补充一句，即使纯粹数学家也会对这种几何学更加欣赏，因为没有哪一位数学家纯粹到对物理世界毫无兴趣的地步。但是，如果他顺从这种诱惑，他就抛弃了纯粹数学的立场。

§ 24

　　还有一番言论，物理学家可能觉得自相矛盾，尽管与 18 年前相比，这种矛盾轻微得多。我将用自己 1922 年在英国科学协会[1] A 组所作演讲几乎相同的语言来表述。当时我的听众几乎全都是物理学家，因此我的说辞可能略带挑衅性，但我仍然坚持我所说的内容。

　　我首先指出，数学家与物理学家的立场之间的差异可能比一般人认为的要小，我认为最重要的一点是，数学家与现实的直接接触要多得多。这似乎是一种悖论，因为正是物理学家研究的课题通常被描述为具有"现实性"；但稍做反思就足以说明，无论物理学家的现实是什么，可以凭常识、本能地归为现实的属性很少或甚至没有。一把椅子可以是旋转电子的集合，或者上帝脑海中的一个概念：两种描述都有自己的优点，但二者与常识意义上的现实都没有密切关系。

　　我接着说，无论是物理学家还是哲学家，都未曾对什么是

---

1. 全名为 British Association for the Advancement of Science（英国科学促进会），2009 年改名为 British Science Association（英国科学协会），是一群英国青年科学家于 1831 年创立的非官方组织，其主要目标是改善科学和科学家在英国的形象。文中提到的 A 组包括物理和数学学科。

"物理现实"给出令人信服的说明，也没有解释物理学家如何从扑朔迷离的大量事实或感觉开始，建构他称之为"真实的"物体。因此，虽然我们不能说自己知道物理学科研究的主题是什么，但这并不妨碍我们大致了解物理学家想干什么。很明显，物理学家想用一些明确有序的抽象关系组成的体系，将遇到的互不相干的事实真相联系起来，而这种明确有序的体系，他只能从数学中借用。

另外，数学家也在研究自己的数学现实。正如我在§22中所述，我主张"现实论"而非"唯心论"。无论如何（这是我的主要观点），数学现实似乎都比物理现实更可行，因为数学对象与它们看起来的样子更相符。一把椅子或一颗星星一点也不像它们看起来的样子；我们对它思索越多，它的轮廓在感觉的迷雾之下就越模糊；但是"2"或"317"与感觉无关，我们观察得越仔细，它们的属性就越清晰。现代物理学也许最适合唯心主义哲学框架——我自己不相信这个论点，但有些著名的物理学家就是这么说的。另外，依我之见，纯粹数学倒似乎是唯心主义创始人的绊脚石：317是素数，不是因为我们这么认为，也不是因为我们的思维是以某种特定的方式塑造的，而是因为**它原本如此**，因为数学现实就是这样构造的。

§ 25

　　纯粹数学与应用数学的这些区别就其本身而言很重要，但与我们对数学"实用性"的讨论并不相干。我在 § 21 中提到了费马和其他伟大的数学家的"真正的"数学，这种数学具有永恒的美学价值，例如最好的希腊数学。这种数学之所以永恒，就像最好的文学一样，在几千年以后，仍然能让成千上万人得到强烈的满足感。这些数学家基本都是纯粹数学家（尽管在他们的时代，纯粹数学和应用数学的差异与现代相比更突出），但我考虑的不仅仅是纯粹数学。我也把麦克斯韦和爱因斯坦，爱丁顿（Eddington）[1] 和狄拉克（Dirac）[2] 算作"真正的"数学家。现代应用数学的伟大的现代成就，在于相对论和量子力学，但领域目前无论从哪一方面看都跟数论一样无用。无论好歹，应用数学中有用的部分恰好是那些最枯燥和最基本的部分，纯粹数学也是一样。时间

---

1. 爱丁顿（Arthur Stanley Eddington，1882—1944），英国天文学家、物理学家、数学家。恒星光度的自然极限，以他的名字命名为爱丁顿极限。

2. 狄拉克（Paul Adrien Maurice Dirac，1902—1984），英国理论物理学家，被认为是 20 世纪最重要的物理学家之一。其对量子力学和量子电动力学的早期发展做出了根本性的贡献。因"发现原子理论的新生产形式"，其与欧文·薛定谔一起获得了1933 年诺贝尔物理学奖。

可能会改变这一切。没有人预见到矩阵、群论和其他纯粹数学理论在现代物理学中的应用，一些"高雅"的应用数学有可能会以意想不到的方式变得"有用"；但迄今为止的证据表明，在诸多学科中，枯燥无味都是实际生活的常态。

我记得爱丁顿曾举了一个精彩的例子来说明"有用的"科学没有魅力。英国科学促进会在利兹举办了一次会议，以为协会成员可能想听听科学的应用对"粗纺羊毛"行业的影响，但是为此目的安排的讲座和展示都彻底失败。看来，与会者（无论是否为利兹市民）都想听到一些有趣的东西，而"粗纺羊毛"根本不是吸引人的话题，所以这类讲座的参与者寥寥无几，但是克诺索斯[1]考古发掘的演讲者，还有相对论或素数理论的演讲者，却吸引了大批听众参与。

---

1. 克诺索斯（Knossos）是希腊克里特岛上的一处米诺斯文明遗迹，被认为是传说中米诺斯王的王宫，由英国考古学家阿瑟·伊文思于 1878 年进行了最早的完整发掘。这一发现使古希腊文明史向前推进了将近 1000 年。

§ 26

数学中哪些部分是有用的呢？

首先，中小学数学的大部分都是有用的，包括算术、初等代数、初等欧几里得几何和初等微积分计算。但"专家"所学的那部分数学应排除在外，比如投影几何。应用数学中的力学基础是有用的（但中学教的电学必须归类为物理学）。

其次，大部分的大学数学也是有用的，这一部分其实就是中学数学的延伸，但讲究更完善的技巧，此外还有相当一部分偏物理学的学科也是有用的，例如电学和流体力学。我们还必须记住，知识储备总有优势，最重视实际的数学家，如果只掌握仅对自己有用的那点知识，那么他可能会步履维艰；因此我们各方面的知识都需要掌握一点。但我们总的结论是，这种数学只有当高级工程师或平庸的物理学家需要时才有用，而这大致等同于说，这种数学没有特别的美学价值。例如，欧几里得几何中有用的是那些枯燥乏味的部分，也就是我们不喜欢的平行公理、比例理论或正五边形的作图法。

这样会得出一个非常有趣的结论：纯粹数学整体上明显比应用数学更有用。纯粹数学家似乎在实用性和美学方面都具有优势。因为最最有用的是**技巧**，而数学技巧主要通过纯粹数学传授。

我希望此处无须申明，我不是在诋毁数学物理学，这是一门汇集了最优秀人士的学科，同时也是一门存在诸多问题的学科。但是，普通应用数学家在其中的位置是不是有点尴尬？如果他想有用，就必须从事单调乏味的工作，即使他想更上一层楼，也不能充分发挥自己的想象力。"想象的"宇宙比这个结构愚蠢的、"真实的"宇宙要美丽得多；而应用数学家想象出来的最好东西大部分都被扼杀在摇篮中，其理由残酷但充分，因为它们不符合事实。

我的结论已无须多言。如果某种知识有用，正如前文所述，那么这种知识可能会在当下或不远的将来造福人类的物质享受，而非纯粹的智力满足，这样一来，大部分高等数学都是无用的。现代几何与代数、数论、集合论和函数论、相对论、量子力学——没有哪一个能满足这个标准，也没有哪一个能用来衡量真正的数学家的价值。如果以此作为价值依据，那么阿贝尔、黎曼和庞加莱都枉费了一生；他们对人类舒适享受的贡献微不足道，没有了他们的世界一样快乐。

§ 27

可能有人会反对说，我对"用处"这一概念的定义太狭窄，因为我只将其定义为"幸福"或"舒适"，却忽略了用处的一般"社会"效应，而近来观点各不相同的作者都特别强调社会效应。例如怀特海（曾是数学家）提到"数学知识在人类生活、日常活动以及社会组织中的巨大影响"；霍格本（他对我和其他数学家所说的数学无动于衷，而怀特海则相反）说："缺乏数学知识，缺乏关于大小和顺序的规则，我们就不能建造人人安逸、无人受穷的理性社会"（以及更多类似社会效应）。

我实在无法相信这些夸夸其谈会取悦数学家。两位作者的语言都过于夸张，而且都忽略了明显的差别。人们公认霍格本并非数学家，他所出之言情有可原，他所谓的"数学"是他能理解的数学，我称之为"中学"数学。**这种**数学有很多用处，我承认这些用处，如果我们愿意，可以称它为数学的"社会效应"，并且霍格本用数学发现史上许多有趣的例子强调了这种观点。也正是这点让其著作令人称颂，同时也正是因为这本书，霍格本得以向许多不是数学家、永远也不会成为数学家的读者说明，数学比他们想象的要丰富得多。但是他对"真正的"数学几乎一无所知

（凡是读过他对毕达哥拉斯定理、对欧几里得和爱因斯坦评论的人都明白这一点），就更谈不上深深共鸣了（他在书中不遗余力地想展现这种共鸣）。对霍格本而言，"真正的"数学只不过是被他轻蔑的一个对象。

怀特海的问题倒不在于缺乏对数学的理解或赞同，而是在他对数学的狂热中，他忘记了自己非常熟悉的特质。对"人们的日常活动"和"社会组织"有"巨大影响"的数学，不是怀特海的数学，而是霍格本的数学。"一般人用于日常生活目的"的数学无足轻重，而经济学家或社会学家使用的数学很难达到"学术水准"。怀特海的数学也许深深地影响了天文学或物理学，对哲学的影响也相当可观，就像高层次的思维总是有可能影响另一种高层次的思维，但对其他东西几乎谈不上影响。这种"巨大影响"针对的不是一般人，而是像怀特海这样的人。

§ 28

　　本文提到了两种数学，即真正数学家的真正的数学，以及我口中"不重要的（trivial）"数学，之所以这样称谓，是因为我找不到更好的词来描述。推崇"不重要的数学"的霍格本及其学派的其他学者提出了很多论据，为不重要的数学辩白。但真正的数学不存在这样的辩解，即使要辩解，也是被当成艺术来辩解。这种观点丝毫没有自相矛盾或不同寻常之处，这是数学家普遍认同的观点。

　　还有一个问题需要考虑。我们得出的结论是，大体而言，不重要的数学有用，而真正的数学无用；不重要的数学在某种意义上"行善"，而真正的数学不能。但我们还必须探究一个问题：这两种数学当中，是否有一种**有害**？很难相信任何一种数学在和平时期会造成很大的伤害，因此我们不得不考虑数学对战争的影响。现阶段很难冷静地讨论这些问题，我本来也不打算谈论，但有些阐述不可避免，所幸无须费太多笔墨。

　　有一个结论让真正的数学家感到欣慰，那就是真正的数学家对战争没有影响。还没有人发现数论或相对论服务于任何战争，而且看来今后许多年也不会有人这样做。应用数学确实有些分支因战争需要而发展起来，例如弹道学和空气动力学，这些学科需要相当精细的技巧，也许这样一来，就很难将其看作"不重要的"数学，但这些学科都不能称为"真正的"数学。它们确实丑陋到令人厌恶，枯燥到令人难以忍受，甚至李特尔伍德也不能让弹道学受到尊重，如果他都做不到，还有谁能做到？所以一个真正的数学家是有良心的，他不会接受有违自己价值观的任何工作。正如我在牛津大学所说的，数学是"清白无害"的职业。

另一方面，不重要的数学在战争中有很多应用。例如，枪炮专家和飞机设计师离不开数学，但这类应用产生的一般影响也显而易见：数学对现代化、科学化的全面战争起到了推波助澜的作用（即使不像物理或化学那样明显）。

由于对现代化、科学化的战争存在两种截然不同的观点，因此数学对战争的作用并没有想象中的显而易见。第一种影响，也是最明显的影响，科学对战争的影响只是放大了战争的恐怖。以前只有少数人体验到战争带来的痛苦，现在这种痛苦却扩大到其他人群。这是最合理、最正统的观点，但还有一种截然相反但有理有据的观点。霍尔丹（Haldane）[1]在《卡利尼库斯》[2]一书中阐述了这种观点。他认为现代武器不像前科学时代的武器那样恐怖；炸弹也许比刺刀更仁慈；催泪瓦斯和芥子气可能是军事科学迄今为止设计得最人道的武器；而正统观点不过是缺乏严密性的感伤

---

1. 霍尔丹（John Burdon Sanderson Haldane，1892 — 1964），英国－印度科学家，研究领域为生理学、遗传学、进化生物学和数学。科学生涯之外，他也是一名积极的社会活动家，支持战争，曾参加一次大战。

2. J.B.S. 霍尔丹《卡利尼库斯：化学战争的辩解》（J. B. S. Haldane, *Callinicus: a Defence of Chemical Warfare*），1924 年。——原注

主义（sentimentalism）[1]。此处也许还应强调，科学带来的风险均等化可能体现在长远利益中（虽然这不是霍尔丹的论题之一），即平民的生命不比士兵的生命更宝贵，女人的生命也不比男人的生命更宝贵；什么都比把残暴行径集中施加给一类特殊人群要好；简而言之，战争越早"全面铺开"越好。

我不知道这些观点中哪一个更接近于真理。这是一个亟待解决而又令人伤感的问题，此文不作争辩。它只涉及"不重要的"数学，为他辩解是霍格本的事，不是我的事。这个问题对霍格本的数学影响可能不止一点点，我的辩护则不受影响。

不管怎样，真正的数学在战争中总能派得上用场，因此这个话题可以展开来说。当世界疯狂时，数学家可能会发现数学是无与伦比的镇痛剂。在所有艺术和科学中，数学最朴素、最遥远，数学家应该是所有人中最容易找到避难所的群体，就像伯特兰·罗素所说，"我们至少有一种更高尚的动机，让自己完全从令人厌恶的现实世界解脱"。遗憾的是有一项限制非常严格——他一定不能太老。数学不是沉思的学科，而是创造性的学科；一个人失去创造力或者不再有创造的愿望时，他就不能再从数学中得到慰藉；而在数学家身上，这种情况总是发生得太快。虽然令人惋惜，但失去创造力或者不再有创造欲望的数学家已经无足轻重，再为他操心也不过是多此一举。

---

1. 我不想用这个过分滥用的词过早下结论，这个词在表达某些感情不平衡状态时可能很有用。当然，许多人用"感伤"来辱骂他人体面的感情，以及用"现实主义"来掩饰自己的残暴。——原注

§29

下文将以更个人化的方式来概括我的结论。开篇我便说过，任何为自己的学科辩解的人都会发现是在为自己辩解；而我作为职业数学家，当然也是在为自己辩解。因此，这个结论实际上可称为我自传的一部分。

我不记得自己除了数学家之外，还想成为别的什么人。我想自己的才能明摆着在数学领域，这点毋庸置疑，我的父母亲也清楚我的才能，这点同样毋庸置疑。我不记得自己小时候对数学有过**任何激情**，我也许具备数学家的素养，但远远谈不上高尚。数学对我来说就是应付考试、拿奖学金。我想要打败其他同学，这个念头似乎就是我果断学数学的动力。

大约 15 岁时，我的理想来了个急转弯（而且来得有点奇怪）。我读了"艾伦·圣奥宾（Alan St Aubyn）"[1]（实际上是弗兰西斯·马歇尔夫人）的一本书，名字叫作《三一学院的一位研究员》，这本书是剑桥大学生活介绍丛书中的一本，我觉得这本

---

1. "艾伦·圣奥宾"是马修·马歇尔（Matthew Marshall）的妻子弗朗西斯·马歇尔（Frances Marshall）夫人（译注：她是英国作家，死于 1920 年，发表了 30 多部作品）。——原注

书写得比玛丽·科雷利（Marie Corelli）[1]的大多数书都差劲，可一本书要是能够激发一个聪明男孩的想象力，也算不上太糟。书中有两个主角，第一主角名叫弗劳尔斯，几乎没有什么缺点，第二主角名叫布朗，不大靠得住。弗劳尔斯和布朗在大学生活中遇到了许多麻烦，其中最糟糕的是贝伦登姐妹在切斯特顿[2]开的赌场，姐妹俩年轻迷人，又十分邪恶。弗劳尔斯顺利解决了所有麻烦，获得剑桥大学数学荣誉学位考试第二名，自动获得研究员资格（正如我设想的那样）。布朗呢，把一切都搞砸了，辜负父母的期望，染上酗酒的毛病，还有一次在暴风雨中因酒精中毒突发震颤性谵妄，靠助理院长的祈祷才得救，甚至连普通学位都难到手，最终成了一名传教士。种种不愉快并没有妨碍两人的友谊，当弗劳尔斯第一次坐在大学教员办公室，喝着波特酒，吃着核桃时，他的思绪带着深深的怜悯飘向布朗。

现在弗劳尔斯是一位正直体面的研究员（至少"艾伦·圣奥宾"在书中描述的是这样），可是我不觉得他有多聪明，纵使我思想单纯，也没觉得弗劳尔斯有多聪明。如果弗劳尔斯都能做到这番成就，我有什么做不到的？弗劳尔斯在大学教员办公室最后那一幕让我深深着迷。从那时起，对我来说，数学就意味着拿到三一学院的奖学金，一直到得偿所愿为止。

---

1. 玛丽·科雷利（Marie Corelli, 1855—1924），英国小说家玛丽·麦凯（Mary Mackay）的笔名。从她的第一部小说《两个世界的浪漫史》于 1886 年问世起，她就是当时英国最畅销小说的作家，一生写了 30 多部小说和其他作品，有十几部被改编为电影和戏剧。

2. 事实上，切斯特顿并非风景如画之处。——原注来到剑桥后，我马上发现，奖学金意味着"创造性的工作"，而我每次都要用很长时间才能形成明确的研究思路。就像每个未来的数学家那样，我上中学时就已经发现，自己常常比老师做得好；甚至到了剑桥，我也觉得自己有时候做得比大学讲师还要好，当然不像中学时那般频繁。但是，即便我参加了剑桥大学的数学荣誉学位考试，对这个我将一生与之相伴的学科，我仍然一无所知；当时我仍然认为，数学在本质上是一门"竞争性"学科。我的眼界最初是由洛夫（Love）教授打开的，他教了我几个学期，我首次学到了数学分析的严谨概念。但洛夫教授让我受益最大的是，他建议我阅读若尔当（Jordan）那本著名的《分析教程》（ Course d'analyse ），毕竟洛夫教授主要研究应用数学；我永远不会忘记读到这本杰作时的震撼，我这一代很多数学家最初的灵感就来源于这本书。读这本书时，我第一次体验到数学的真谛。从那时起，我有了成为真正数学家的抱负，在数学领域树立了正确的目标，对数学产生了真正的热爱。

接下来 10 年，我写了大量论文，但大多无关紧要；在我至今的印象中，自己满意的不过四五篇。我职业生涯的真正转机在那 10 年或 12 年后才出现，当时是 1911 年，我开始与李特尔伍德长期合作，1913 年，我认识了拉马努金。从那以后，我所有最为出色的成果都与他们密切相关。很显然，我与他们的合作是我生命中的决定性事件。如果我不得不听浮夸和烦人的唠叨，同时又感到厌烦时，我会对自己说，"看看，我做成了一件**你**一辈子也做不到的事情，那就是与李特尔伍德和拉马努金两人在某种平等的条件下合作。"正是因为他们，我才在上了年纪的时候变得成熟：四十岁出头是我的巅峰时期，当时我成为牛津大学教授。从那以后，我就走了下坡路。这是上年纪的人，尤其是上年纪的数学家的共同命运。数学家到 60 岁可能仍然胜任工作，但不能指望他提出有创造性的概念。

坦率而言，我有价值的生活已经结束，无论做什么，都不能让我的生活价值增多一分。要想平静面对这个事实很难，但我认为这是一个"成功"，我获得的奖励已经超越同等水平的人应得的奖励。我担任过一系列令人愉快且"有尊严"的职务。在单调乏味的大学日常工作中，我几乎没遇到任何麻烦。我讨厌"教书"，所以课程安排也少，教书于我而言不过是研究工作的演练；我喜欢演讲，并且给能力特别出众的班级举办了多次讲座；我始终有足够的自由时间来做研究，这是我一生最为恒久的幸福。我发现与他人合作很容易，并曾与两位杰出的数学家进行了大量合作，让我对数学的贡献超出了自己的预期。像任何其他数学家一样，我也曾有过灰心失望，但没有哪一次严重到让自己郁郁寡欢。如果我 20 岁时遇到这种不好也不坏的生活，我会毫不犹豫地接受。

要是说我自己可以"做得更好"，听起来可能有点荒唐。我没有语言或艺术天赋，对实验科学也几乎没有兴趣。我可能会是一个过得去的哲学家，但肯定不会是有创造性思维的哲学家。我想我可能会成为一名优秀的律师，要是不搞学术研究，新闻业会是我唯一有信心做到成功的职业。要是用人们常说的标准来判断一个人成功是否，我认为自己非常适合做一名数学家。

如果我想要的是相对舒适和幸福的生活，那么我的选择是对的。可律师、股票经纪人和出版商常常也过着舒适和幸福的生活，但很难说这个世界因为他们的存在而变得富有。那是否能说我的生活比他们的生活更有成果呢？在我看来只有一个答案：是的，如果只有这一种答案，那也只有一种理由。

我从来没有做过任何"有用"的事情。无论好歹，我从来没有为人类的幸福做出过任何发现，将来也不可能做出这样的发现，无论通过直接还是间接的方式。我培养过其他数学家，但他们是与我相同类型的数学家，他们的工作，至少在我的培养范围内，也和我自己的工作一样无用。要是用实际标准来衡量，我数学生涯的价值为零；而在数学之外，我的价值无论如何都是微不足道的。只有一点，也许能让我的职业生涯逃过完全微不足道的评价，那就是人们认为我创造了一些值得创造的东西。我不否认自己创造了一些东西，问题是其价值如何。

我的一生，或者与我类似的数学家的一生，会是这样的：我丰富了人类的知识，我帮助他人为人类知识做出更多贡献，这些东西都有价值，与伟大的数学家或任何其他艺术家的创造相比，它们只是在程度上有所不同，在性质上并无差异。这些创造或大或小，但都在身后留下了某种纪念。

后记

　　布罗德教授和斯诺博士都曾对我说过，如果我要公平衡量科学所作的善与恶，就不能让自己太纠结于它对战争的影响；即使我想到这些问题时，也必须记住，除了那些纯粹破坏性的影响，科学还有很多非常重要的、有益的影响。因此（此处先谈后面一点），我必须记住：（a）只有通过科学方法，才能组织全人类的战争；（b）科学大大加强了战争的宣传威力，这种威力通常几乎全部用于作恶；（c）科学使"中立"几乎不可能或毫无意义，因此"和平岛屿"不复存在，战后的公共卫生和重建也不可能实现。当然这些观点都是反科学的。另外，即使我们最大限度地抑制这些观点，也几乎难以认同以下观点：科学所行的善从未超过科学所作的恶。例如，即使每场战争中有 1000 万人丧生，科学的纯影响仍然会使人的平均寿命增加。简而言之，我在 §28 阐述的内容太过于"感情用事"了。

　　我不质疑这些批评的公正性，但是，考虑到前言部分陈述的理由，此处将不再详述，我对此感到满意。

　　斯诺博士还针对 §8 提出了一点有趣的意见。即使我们承认

"阿基米德会被记住，而埃斯库罗斯会被遗忘"，数学的名望是否有点太"微不足道"，无法完全令人满意？我们仅仅从埃斯库罗斯（当然还有莎士比亚或托尔斯泰）的作品，就可以了解作家本人的品格，而阿基米德和欧多克斯留下的只有名字。

我们经过特拉法加广场上的纳尔逊纪念柱时，洛马斯（J.M.Lomas）先生更形象地阐释了这个观点。如果把我的雕像刻在伦敦的一根纪念柱上，我是希望柱子高高耸立，以至于人们看不清我的雕像，还是希望柱子足够矮，让人们看得清清楚楚呢？我会选第一种，斯诺博士大概会选第二种。[1]

---

1. §10 关于七巧板的书法解读："两人对局此七巧之化境也。"

译后记

　　作者哈代（Godfrey Harold Hardy，1877—1947）是英国著名数学家，皇家学会会员。就学于剑桥大学三一学院，后在三一学院、牛津大学新学院和剑桥大学基督学院任教，得到过许多奖项，包括皇家学会的最高荣誉——科普利奖章。

　　哈代把严谨性引入了英国数学，对改革英国数学做出了巨大贡献。严谨性以前是法国、瑞士和德国数学的特征。鉴于艾萨克·牛顿的巨大声誉，英国数学家在很大程度上保留了应用数学的传统。

　　哈代于1911年起与李特尔伍德合作了35年，在数论和数学分析方面颇有建树。他也是群体遗传学中的基本定律哈代－温伯格定律的共同作者。哈代的另一个重要贡献是发现了印度数学天才拉马努金。

　　哈代晚年写过多篇关于数学的散文，都值得一读，他也因此而为数学领域以外的人所知。其中最著名的是1940年出版的本书，本书是对研究纯粹数学的必要性的精彩辩白，通常被认为是为外行撰写的对纯粹数学家内心世界的最佳洞察之一，字里行间充满了纯粹数学家对自己学科的热爱，是一本难得的好书。普通人常常把数学归入自然科学，但大多数学者认为，纯粹数学与依赖于大自然的物理、化学、生物学等自然科学在本质上有所不同，它可以完全脱离实际而在一些概念的基础上经过逻辑推演得出一整套理论。所以纯粹数学家必须能够耐得寂寞，甘心冥思苦想，方有希望成功。

但是，哈代并不认为纯粹数学家应该是书呆子，他自己便是一个榜样。他说自己每天研究数学的时间，一般不超过 4 小时，这样能发挥最高效率。他爱好运动，特别是室内网球和板球都打得不是一般的好。他对板球比赛的兴趣极高，每天都研究赛事报道。他的朋友圈不仅包括数学家，还有哲学家、文学家和各行各业的板球发烧友。哈代餐后在学院餐后休息室的畅谈经常吸引一大群听众。

哈代的"辩白"的核心论点是数学具有不依赖于可能应用的价值。哈代把这个价值定位在数学之美中，并给出了一些数学之美的例子和标准。哈代强调，他认为数学本身就是精美的艺术。哈代本人的语言艺术，也充分地体现在他写的关于数学的散文中。他旁征博引，妙语丛生，不尚浮华，颇多警句，既引人入胜，难以释卷，又回味隽永，发人深省。总而言之，这本书不但内容深入，可读性也极佳。

这本书用了很大篇幅说明纯粹数学的特点是它的"无用性"，哈代特别指出，他一生从未做过任何"有用的"工作。这种看法最早可以追溯到以下故事：欧几里得要赶走他的一个学

124

生，因为该生想要知道几何学有什么用处。其实纯粹数学在发展之初，往往都是数学家头脑中逻辑推演的产物，与实际并无任何联系，但奇妙的是，越来越多看来"毫无用处"的纯粹数学后来都成为解释大自然的不可或缺的工具。最有名的例如黎曼几何应用于相对论，纤维丛应用于规范场。除了在群体遗传学中的哈代－温伯格定律外，他与合作者拉马努金对整数划分的著名工作，现称为哈代－拉马努金渐近公式，已被广泛应用于物理学中寻找原子核的量子划分函数，以及推导出非相互作用的玻色－爱因斯坦系统的热力学函数。译者以为，哈代强调纯粹数学的无用性，主要是表达他不看重这些实际应用，他看重的只是概念的新颖重要和逻辑的严谨，归根结底，是纯粹数学的美。

对于所有学者（包括数学家）进行研究工作的动机，哈代在§7表达了他自己的看法。他认为第一个是求知欲，第二个是职业自豪感，最后是雄心，渴望声誉和地位，甚至随之而来的权势或财富。他特别强调，他不相信人们的工作动力是为了造福人类。这最后一点，显然与我们现在的价值观不甚相符。其实前三点都是对的，但造福人类和为国争光等想法，正是引发这些动机的重要手段，它们并不相克相负，反而相辅相成。

哈代62岁时被发现患有冠状动脉血栓，但看来后遗症并非生理健康上的（现在可以放支架治疗，不是很严重的问题，但那时实属不易），而是心理上的，他发现创造力消失，不再能潜心研究数学，开始写关于数学的散文。写散文不是一件坏事，更何况他的散文既有思想又有知识，还很可读。但字里行间流露出来的消极忧郁情绪，读者不难觉察，特别是他的最后几年，更是相当糟糕。其实不能做创造性工作了，还有其他许多事情可做，仍然应该心胸开朗，享受生活，希望读者有此感悟。

为了提高纯粹数学的地位，哈代说应用数学是有用但平凡而无趣的。特别在§27中对霍格本的通俗数学书颇有微词。这激发了译者的好奇心，并找到了《大众数学》(*Mathematics for the Million*)一读。这本书可以看作用通俗语言写成的高中数学教科书的补充扩展读物，其中不但有趣味的历史和精美的插图，也有公式推导和相当数量的练习并附答案。全书共12章，各章标题为：远古的数学，尺寸、次序和形状的规则，欧几里得作为跳板，古代的数字知识，亚历山大文化的兴起和没落，零的引入，水手的数学，运动的几何学，对数与级数，牛顿和莱布尼茨的分析，矩阵代数学，选择与机会代数学。由此可见其内容丰富且不落俗套。这是一本普通人花时间学习会有所收获的好书。爱因斯坦这样评价："它使数学基本内容鲜活。"威尔斯（知名科幻作家）这样评价："一本好书，一本头等重要的书。"译者也挺喜欢这本书，但这本书当然不是"纯粹"数学，哈代不喜欢它是可以理解的。

哈代认为（§20），非专业人士需要懂一点算术，有一些历史、地理、经济学、语言等人文知识，"但是化学、物理学或生理学知识在日常生活中毫无价值""我们要么依靠经验法则生活，要么依靠别人的专业知识生活。"对此读者肯定有自己的看法。

§14中论述了欧几里得定理（不存在一个最大的素数）的

126

无用性，所举例子是工程计算中需要的圆周率有十位有效数字就十分够用了，因此不需要知道很大的素数。作为一名工程师，我完全同意十位有效数字绰绰有余，但是把这一点作为有关最大素数的知识（从而欧几里得定理）无用，却显得有些牵强了。

这本书70多年来不断重印，深受读者欢迎，国内也已有两个中译本。这次重译，除了文字上的不同处理和改进，主要特色在于对书中的典故添加了大量注释，尤其是书中提及的人物介绍，这些对西方读者来说可能是常识，但对广大中国读者或许并非如此，而不了解这些典故便难以理解作者的观点。这些注释其实是译者所作读书笔记的一部分，希望也对读者有所帮助。

彭靖珞女士帮助解读了不少英语难点，尤其是翻译了§7中的小诗。袁梦欣和金南凯先生阅读了初稿并提出不少宝贵意见。在此一并致谢。

凌复华

2022 年 6 月于美国加州

作者 | 戈弗雷·哈代
Godfrey Harold Hardy　1877.2.7 — 1947.12.1

数学家，英国皇家学会会员。
20 世纪上半叶建立了具有世界水平的英国分析学派。

出生于英格兰萨里郡，1896 年进入剑桥三一学院学习数学，1900 年毕业。1903 年获得硕士学位。1906 年开始在剑桥任教。1911 年入选英国皇家学会。1913 年发现印度数学天才拉马努金。1919 年进入牛津大学担任萨维尔几何学教授（罗素留下的位置）。1931 年回到剑桥，最后病逝于剑桥。
他在丢番图逼近、堆垒数论、黎曼 ζ 函数、三角级数、不等式、级数与积分等领域做出了很大贡献，同时是回归数现象发现者。

译者 | 凌复华

1968 年毕业于上海交通大学，获固体力学专业硕士，后在上海机械设计院担任工程师。
1979 年赴德国斯图加特大学学习，1981 年获工学博士学位。
此后历任上海交通大学力学系讲师、教授，美国史蒂文森理工学院研究教授。

2015 年退休后从事英语和德语图书翻译工作，已翻译出版《有闲阶级论》《货币战争》《给世界的答案：发现现代科学》等多本科技类学术专著、科普著作。

一个数学家的辩白

作者 _ [英] 戈弗雷·哈代　　译者 _ 凌复华　　审校 _ 魏微

产品经理 _ 曹曼　邵蕊蕊　　装帧设计 _ 朱镜霖　陆震　　产品总监 _ 曹曼

执行印制 _ 梁拥军　　出品人 _ 路金波

营销团队 _ 阮班欢　杨喆　　物料设计 _ 朱镜霖　陆震

果麦

www.guomai.cc

以 微 小 的 力 量 推 动 文 明

图书在版编目（CIP）数据

一个数学家的辩白 /（英）戈弗雷·哈代著；凌复华译. —— 昆明：云南人民出版社, 2023.5

书名原文: A Mathematician's Apology

ISBN 978-7-222-21894-9

Ⅰ.①一… Ⅱ.①戈… ②凌… Ⅲ.①数学 – 文集 Ⅳ.①O1-53

中国国家版本馆CIP数据核字(2023)第055678号

责任编辑：刘　娟
责任校对：和晓玲
责任印制：马文杰
特约编辑：曹　曼　邵蕊蕊
装帧设计：朱镜霖　陆　震

一个数学家的辩白
YIGE SHUXUEJIA DE BIANBAI

〔英〕戈弗雷·哈代　著　凌复华　译

出版　　云南出版集团　云南人民出版社
发行　　云南人民出版社
社址　　昆明市环城西路609号
邮编　　650034
网址　　www.ynpph.com.cn
E-mail　ynrms@sina.com
开本　　880mm×1230mm　1/32
印张　　4.25
印数　　1—5,000
字数　　95千字
版次　　2023年5月第1版第1次印刷
印刷　　河北鹏润印刷有限公司
书号　　ISBN 978-7-222-21894-9
定价　　68.00元

如发现印装质量问题,影响阅读,请联系021-64386496调换。